発明の文化遺産

# 増補 臥雲辰致(がうんときむね)とガラ紡機

## 和紡糸・和布の謎を探る

北野 進

アグネ技術センター

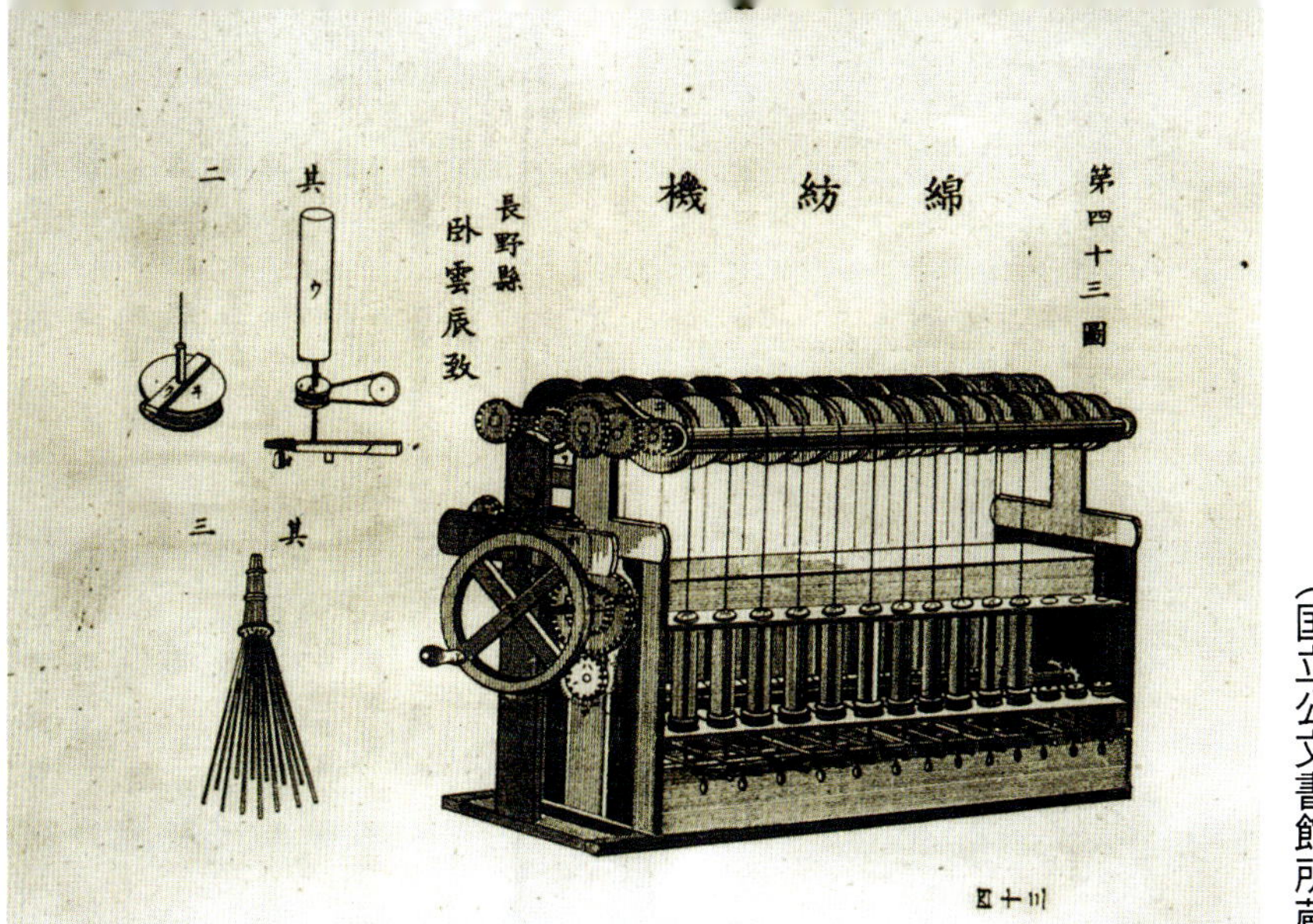


ガラ紡機の概要
『明治十年内国勧業博覧会出品解説』から
（国立公文書館所蔵）

臥雲辰致の記念碑
（岡崎市郷土館前）

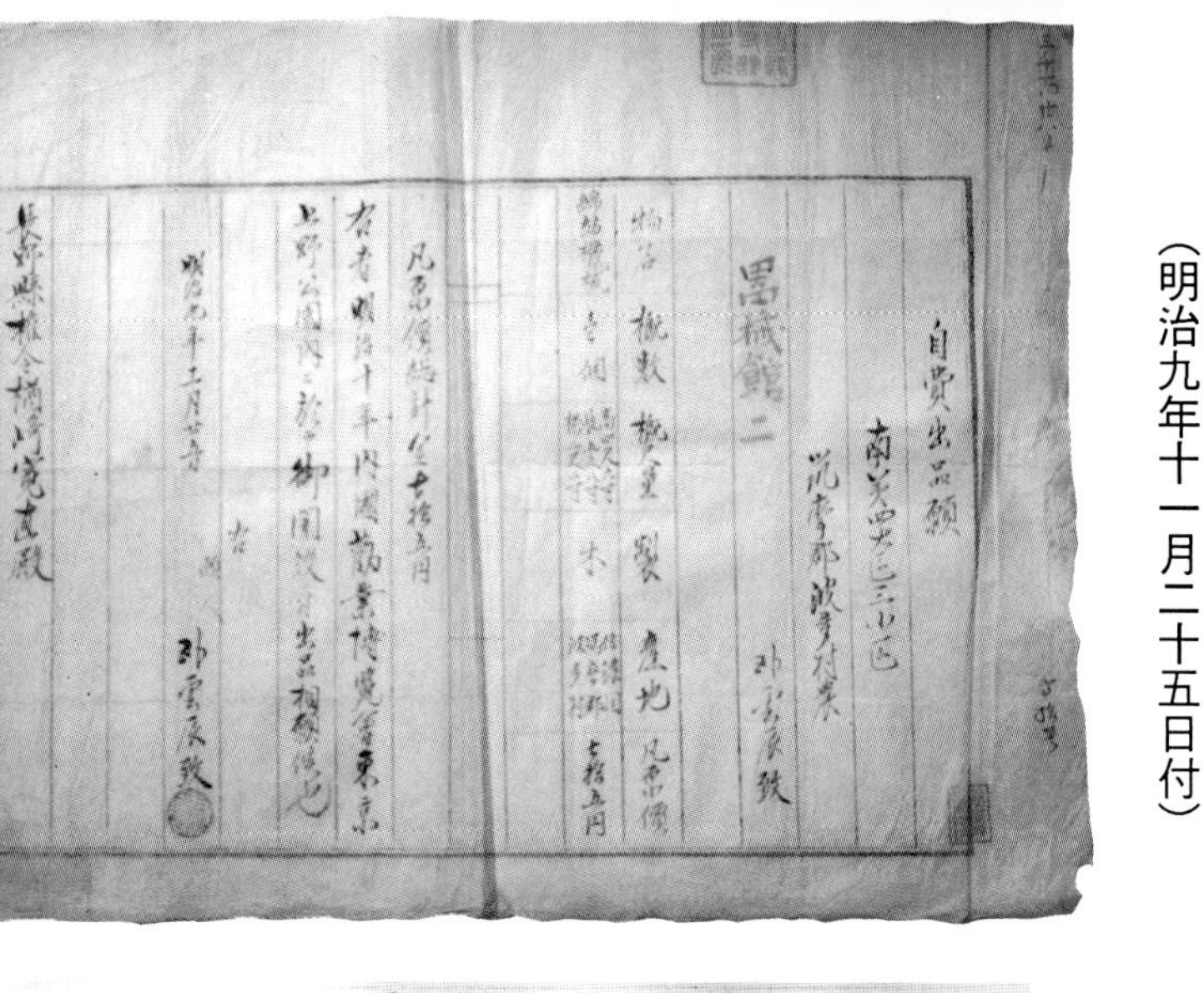

自費出品願
南第四大区三小区
筑摩郡波多村
臥雲辰致
器械館二
物名 概数 製造 産地
綿紡機械 壱個 木 信濃国筑摩郡波多村
代価 金拾五円
右者明治十年内国勧業博覧会東京上野公園内ニ於テ御開設ニ付出品相願候也
明治九年十一月廿五日
右 臥雲辰致
長野県権令楢崎寛直殿

自費出品願（明治九年十一月二十五日付）

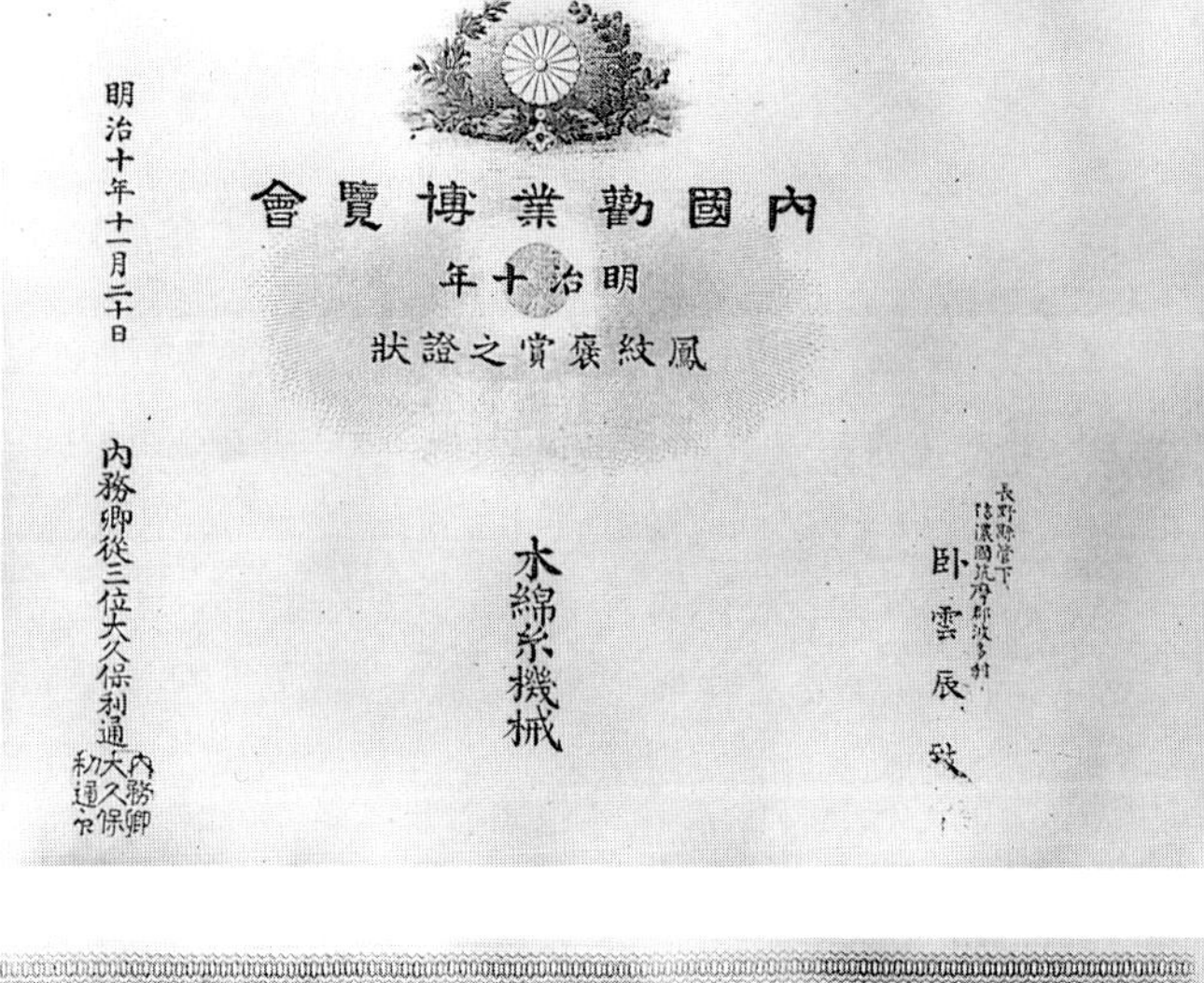

內國勸業博覽會
明治十年
鳳紋褒賞之證狀
長野縣管下
信濃國筑摩郡波多村
臥雲辰致
木綿糸機械
明治十年十一月二十日
內務卿從三位大久保利通

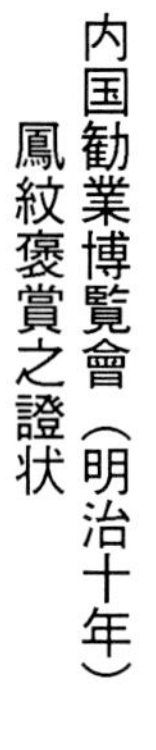

内国勧業博覧會（明治十年）鳳紋褒賞之證状

明治十年內國勸業博覽會
褒賞薦告
長野縣管下
信濃國筑摩郡波多村
臥雲辰致
木綿絲機械
洋製ヲ折衷シテ裝置宜キヲ得タリ價値不廉ト雖モ亦有用ノ器トナスヘシ
右ノ事項ニ因リ鳳紋賞牌ヲ附與アランコトヲ申請ス
審査官 主任 布施邦久
列坐 從六位近藤真琴
仝 藤島常興
審査官部長 矢田堀鴻
審査官長 正五位前島密
右審査官ノ薦告ヲ領シ之ヲ授與ス
明治十年十一月廿日 內務卿從三位大久保利通

内国勧業博覧會 褒賞薦告（臥雲毅安氏所蔵）

臥雲辰致に関係のあった寺跡（長野県堀金村）

臥雲辰致
（明治30年（1897）56歳頃）

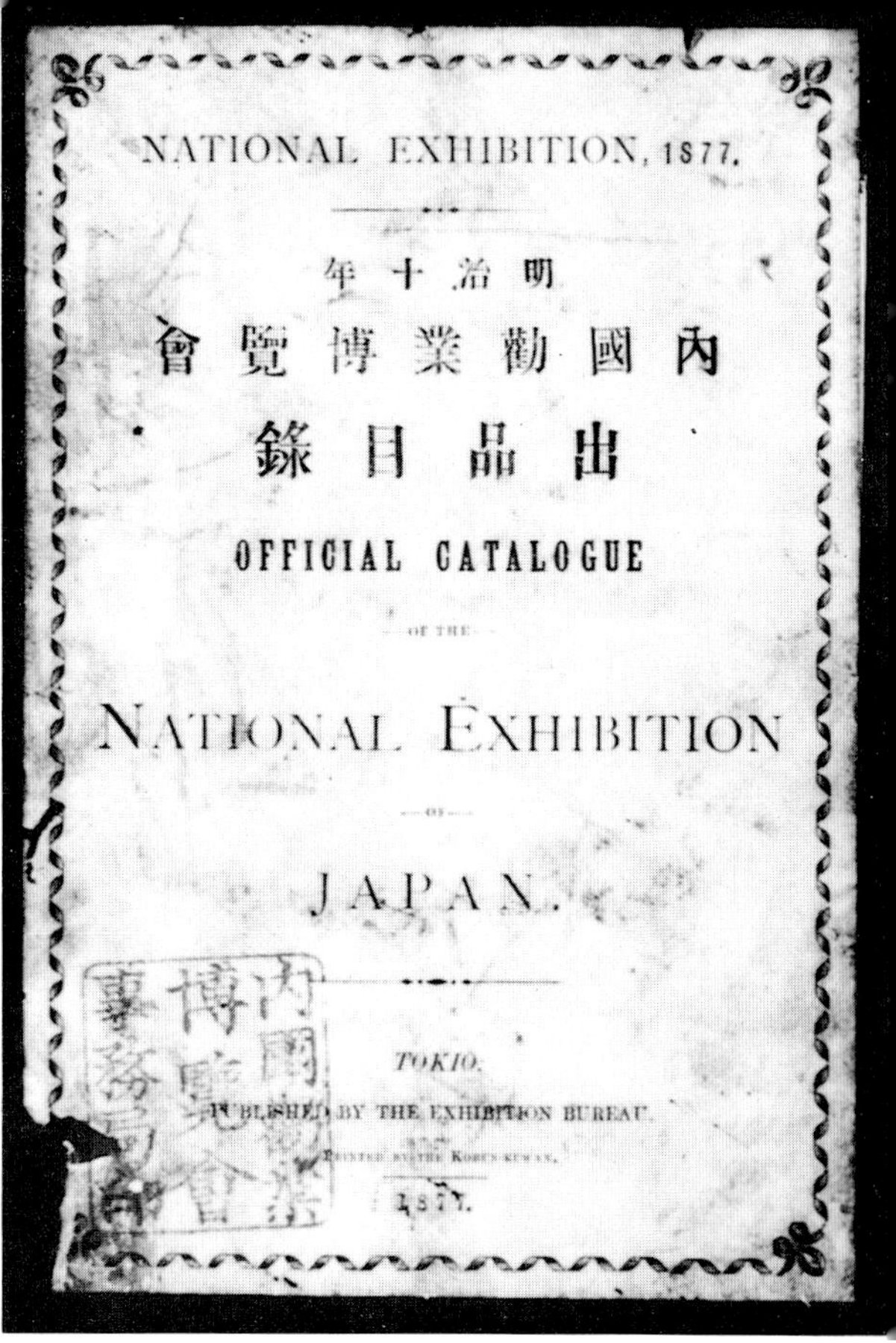

NATIONAL EXHIBITION, 1877.

明治十年
內國勸業博覽會
出品目錄

OFFICIAL CATALOGUE

OF THE

NATIONAL EXHIBITION

OF

JAPAN.

TOKIO.
PUBLISHED BY THE EXHIBITION BUREAU.
PRINTED BY THE KOBUN-KUWAN.
1877.

NAGANO-KEN.

CLASSES 2, 3, 4, 10, 16 & 17.

1. YAMAMOTO SUKEZO, Shinano.
   Pencil making tool. (1).
2. TATSUGUCHI JIUNAI, Shinano.
   Cotton spinning wheel. (1).
3. KOBAYASHI KENBEYE, do.
   Silk reeling machine. (1).
4. NAGASE KAKUJIRO, do.
   Weaving machine, model of. (1).
5. SAITO SOYEMON AND KURASHIMA SEIJU, do.
   Spinning machine. (1).
6. GAUN TOKIMUNE, do.
   Cotton spinning machine. (1).
7. KARAKI GINSABURO, Shinano.
   Silk throwing wheel. (1).
8. SATO SONOYEMON, do.
   Floss silk machine. (1).
9. HIRAKORI SPIGO, do.
   Water pumps and rice pound machine. (1-1).
10. IHARA JUICHIRO, do.
    Drawing of machine for lifting water. (1-2).
11. KOBAYASHI ISOYEMON, do.
    Model of apparatus for lifting water. (1).

明治十年内国勧業博覧会出品目録（英文目録・国立公文書館所蔵）
臥雲辰致・GAUN TOKIMUNE である

# 増補　臥雲辰致とガラ紡機

和紡糸・和布の謎を探る

# 目次

第Ⅲ章　臥雲辰致・発明家への道

増補の章　臥雲辰致を支えた人々

# はじめに

優れた発明は文化遺産・文化財に違いない。世界に誇れる「紡ぐ」アイデアのガラ紡機の発明家・臥雲辰致（天保十三年・一八四二年〜明治三十三年・一九〇〇年）が世を去ってから、間もなく百年の二十世紀末である。百年以上も稼働してきたガラ紡の技術は、エコロジーの時代、資源のリサイクルや発展途上国に向けて二十一世紀にも役立つ技術である。平成四年・一九九二年には臥雲辰致の生まれ故郷・長野県堀金村において、生誕百五十年の記念事業が開催された。また六月にはブラジルのリオデジャネイロにおいて、地球を環境破壊から守るための「地球サミット（国連環境開発会議）」が開催された。それから一年以上も経過したが、美しい河川や海の水を汚染から守るためにも、庶民は過剰な洗剤の使用を考え直すときがきている。

たまたま地球と人に優しい繊維として「和布」のふきんやタオルを使用すれば、洗剤や石鹸は不要であるという新聞記事が目にとまった。和布（わぬの）とは珍しい名前であるが、和食、和菓子、和服、和時計などのように日本独特のものをいうのであろう。和布は臥雲辰致によって明治六年（一八七三年）に考案・発明されたガラ紡機（機械がガラガラと音を立てるのでガラ紡といわれた）の原理で紡がれた糸・和紡糸から織った布のことである。

ガラ紡績は、イギリス産業革命を支えた西洋式の紡績機械のように高速度で均一な糸を紡ぐのではなく、低速回転で地球の引力を利用した自動制御によって糸を紡ぐのである。素材の綿に無理な力を加えることもなく、綿の繊維が自然に絡み合って紡がれている。したがって糸の太さは一様ではないが、適当な凹凸をもつ糸がガラ紡の糸の特徴である。これは技術史的にみても、世界に類のない日本独特の紡績法であり、この糸を使って布に織ったものを今日では「和布」と呼ぶようになったのであろう。

筆者が臥雲辰致に関心をもつようになってから三十年以上にもなる。そして昭和五十一年（一九七六年）の秋に岡崎市役所や岡崎市郷土館へ研究調査に出掛けた。当時、岡崎市郷土館の所蔵史料（臥雲辰致関係）は未整理状態であったが、特別に閲覧させていただいた記憶が鮮明によみがえってくる。その後、昭和六十一年（一九八六年）、愛知県刈谷市で産業考古学会の総会があった。そのとき学会のメンバーとともに豊田市大内の小野田慎一氏経営のガラ紡工場を見学した。その帰途、以前に手紙を頂いたことのある豊橋市の朝倉照雅氏（豊橋市瓦町一一三、朝光テープ会社社長）をお訪ねしたことがある。それ以来すでに七年になるが、当時、朝倉照雅氏は衰退していくガラ紡のルネサンスに情熱を傾けておられた。その姿を直に拝見し、筆者も大いに啓発された。何時の日か、『臥雲辰致とガラ紡機』について、技術的な問題も含めて、正確な史実を後世のために記述したいと考えていた。

臥雲辰致（がうんときむね）の名前について、既刊の書籍では「たっち」、「しんち」、「たつむね」など様々に書かれてきた。しかし、技術史・産業考古学会の同学の友人、玉川寛治氏の論文「がら紡精紡機の技術的評価」（『技術と文明』第4冊　3巻1号）が指摘するのと同様に、「ときむね」であると筆者は考えていた。明治十年（一八七七年）第一回内国勧業博覧会の英文の出品目録には「GAUN　TOKIMUNE」とある。また明治十八年（一八八五年）「繭糸織物陶漆器共進會」の際に発刊された『共進會大意』には「ときむね」とルビされている。さらに榊原金之助著『ガラ紡績業の始祖　臥雲辰致翁傳記』（昭和二十四年四月五日発行）の本文には「トキムネ」とルビが書かれている。なお臥雲辰致は大給恒（おぎゅうゆずる・日本赤十字社をつくり育てた人）とともに昭和三十六年七月一日付で岡崎市の名誉市民の称号を贈られている。筆者の手元には前述した調査当時の岡崎市役所の台帳コピーが保存されているが、そこにも「トキムネ」とルビされている。

本書『発明の文化遺産―臥雲辰致（がうんときむね）とガラ紡機―』によって、十九世紀の優れた産業技術の発明が人に優しく地球を汚染から守り、二十一世紀へ向けて長い命をつないでいる今日的な意味を理解して頂きたい。同時に技術史・産業考古学の視点から、産業技術に携わるものは「人間にとって本当の技術とは何か」を考える機会にして頂ければ幸いである。

北野　進

# 第Ⅰ章　臥雲辰致の名前と記念碑

## 1　不思議な名前

### 英文の出品目録の中に

　ガラ紡機の発明家・臥雲辰致（GAUN　TOKIMUNE）とは誠に珍しい氏名である。臥雲という姓は慶応三年（一八六七年）の二十六歳のときから臥雲山孤峰院という寺の住職をつとめたことに因んでいる。明治四年（一八七一年）の三十歳のとき廃仏毀釈のため廃寺となり還俗することになった。臥雲山孤峰院の山号「臥雲」をとって姓とし、廃仏毀釈の後の新時代に出直したのであろう。それだけに幕末から明治への転換期はまさに激動の時代であった。そのことに関連して、筆者がかつて研究したことのある人物、日本赤十字社をつくり育てた人・大給恒（おぎゅうゆずる）は松平乗謨（のりかた）（信州・龍岡藩主、長野県南佐久郡臼田町に五稜郭・龍岡城跡が残っている）の名前であったが、先祖の城・大給城（愛知県豊田市）に因んで「大給」としたのと同様であると考えている。

この二人、大給恒と臥雲辰致とはともに信州に関係がありながら、愛知県岡崎市の名誉市民の称号を昭和三十六年七月一日付でともに贈られていることも偶然とはいいながら面白い。しかし長野県の関係町村の臼田町や堀金村（臥雲辰致の生地）や波田町（臥雲辰致の晩年の地）が名誉町民や名誉村民の称号をそれぞれに贈ったということはまだ聞いていない。この二人に共通するものは、ほとんど同じ時代を生きて、時代の変化に敏感に対応しながら、出直した先見性にあるように思われる。そして後世に残した優れた業績は、一世紀以上を過ぎた今、それぞれに今日的価値をますます増大している。

さて、問題の名前であるが「辰致」は「トキムネ・ときむね」が正しいと考えている。タッチという俗称に変化したのは約三十年前の昭和四十年代以降のことである。それ以前のものにはトキムネと書かれた書籍や文献が筆者の手元には多くある。臥雲辰致自身のためには正しい呼び名にする必要があると思っている。

明治十年第一回内国勧業博覧会の英文の出品目録、正確には「OFFICIAL CATALOGUE OF THE NATIONAL EXHIBITION OF JAPAN」、「TOKYO PUBLISHED BY THE EXHIBITION BUREAU」、「PRINTED BY THE KOBUN－KUWAN 1877」すなわち「明治十年　内国勧業博覧會　出品目録」の「Department Ⅳ」の5ページの中段「NAGANO－KEN」の項に十一人の名前が列記されている。その六番目に「6. GAUN TOKIMUNE. do..

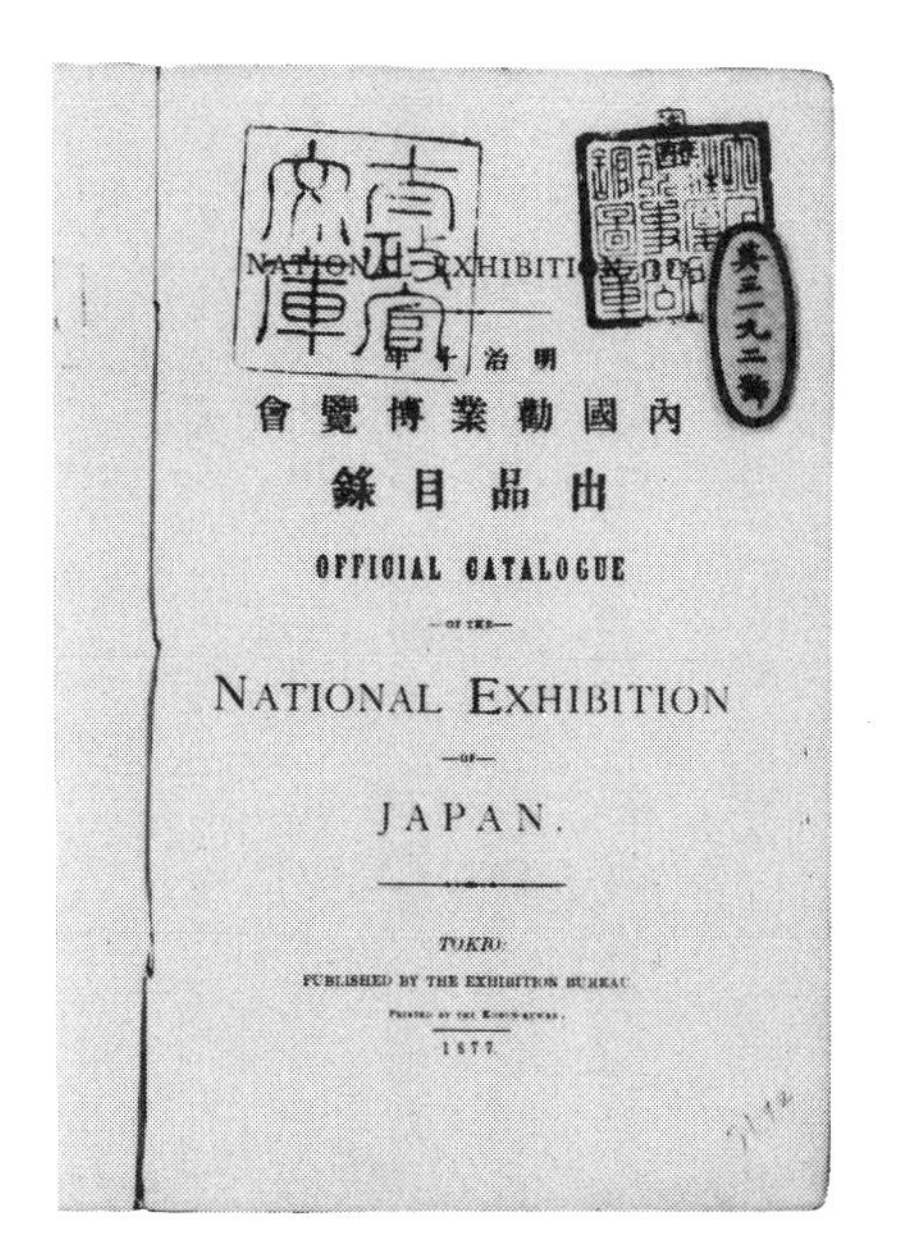


図 1.1 明治十年内国勧業博覧会出品目録（英文目録）

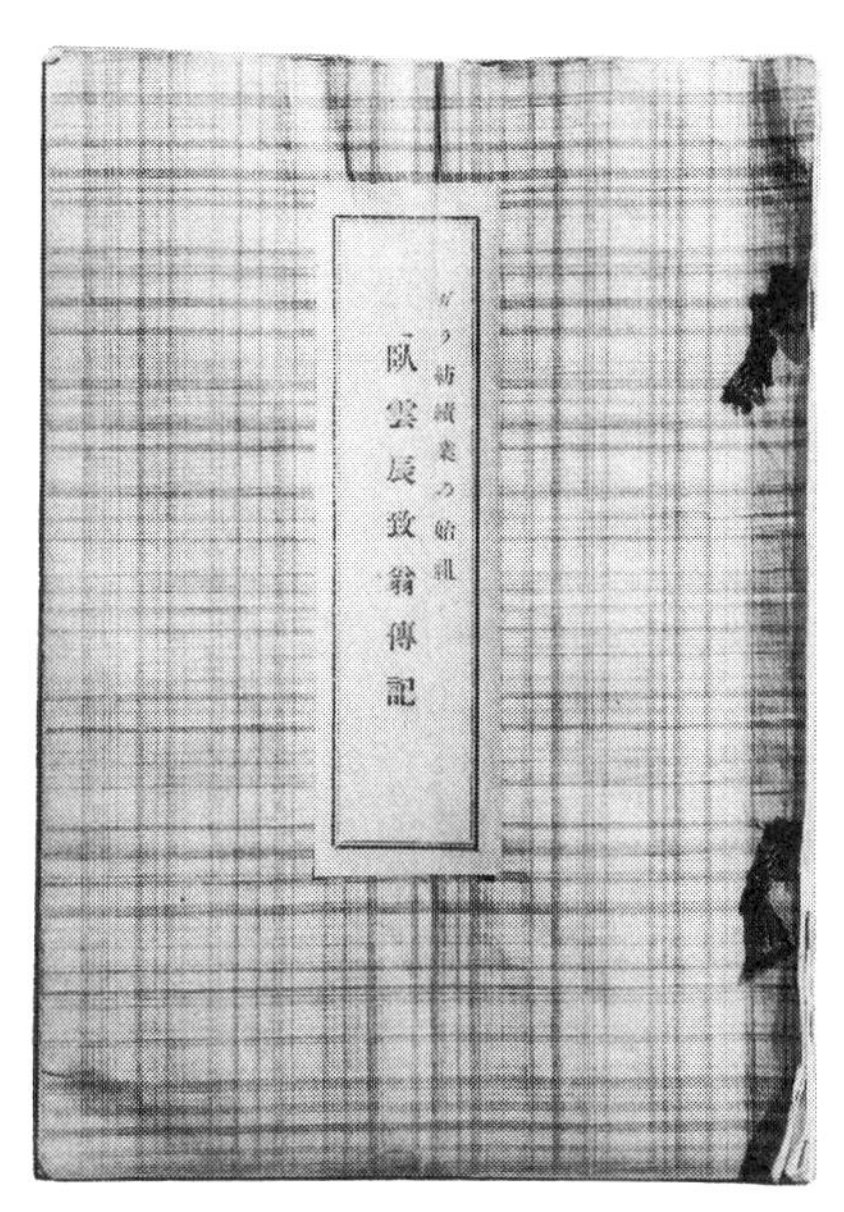


図 1.2 榊原金之助著『ガラ紡績業の始祖　臥雲辰致翁傳記』

NAGANO-KEN.

CLASSES 2, 3, 4, 10, 16 & 17.

1. YAMAMOTO SUKEZO, Shinano.
   Pencil making tool. (1).
2. TATSUGUCHI JIUNAI, Shinano.
   Cotton spinning wheel. (1).
3. [illegible], do.
   Silk reeling machine. (1).
4. NAGASE KAKUJIRO, do.
   Weaving machine, model of. (1).
5. SAITO SOYEMON AND KURASHIMA [illegible], do.
   Spinning machine. (1).
6. GAUN TOKIMUNE, do.
   Cotton spinning machine. (1).
7. KARAKI GINSABURO, Shinano.
   Silk throwing wheel. (1).
8. SATO SONOYEMON, do.
   Floss silk machine. (1).
9. [illegible], do.
   Water pumps, and rice pound machine. (1-4).
10. IHARA JUICHIRO, do.
   Drawing of machine for lifting water. (1-3).
11. KOBAYASHI ISOYEMON, do.
   Model of apparatus for lifting water. (1).

図 1.3 上の英文目録「Department Ⅳ」p.5（国立公文書館所蔵）

Cotton spinning machine.(1).」と記されている。これによれば「綿紡機一台を臥雲辰致が実演（do）する」ことを明示している。

　このことから間違いなく、明治十年（一八七七年）において、世界的にユニークな優れた紡績機械の発明者は「がうんときむね」であった。英文で公表した名前が国際的に通用するのであり、長野県の堀金村や波田町だけの問題ではなく、インターナショナルな史実であることを無視することはできない。これは佐久間象山を「しょうざん」というか「ぞうざん」と呼ぶかの議論とは別な次元に属する問題である。象山とは違って辰致の発明はインターナショナル・国際的な技術史の問題に関連して重要になってきている。それだけに名前は正しく使うことがよいように考えている。

　そこで、名前の呼び方がどのように変化してきたかを手元の資料・史料によって多少詳しく考察しておきたい。すでに書いてきた明治十年（一八七七年）の英文の出品目録（OFFICIAL CATALOGUE OF THE NATIONAL EXHIBITION OF JAPAN 1877）には「GAUN TOKIMUNE」とあるのが最も重要な国際的文献であろう。また明治十八年（一八八五年）の「繭糸織物陶漆器共進会」の際に発刊された『共進會大意』には19ページに「明治十年信濃の人臥雲辰致というもの………」と記され、「ぐわうんときむね」とルビされている。この時代の公式文書と思われるものは「ときむね」である。

その後に、まとまった伝記として昭和二十四年（一九四九年）に発行された元東海新聞社長の榊原金之助著『ガラ紡績業の始祖　臥雲辰致翁傳記』がある。その中には本文の3ページに「トキムネ」とルビが書かれている。さらに愛知県岡崎市役所の名誉市民の台帳にも「トキムネ」とルビが記されている。このように約三十年前までのものは、ほとんどが「トキムネ」と記録していたのである。

## なぜ間違ったか

極めて例外的なものに、明治九年五月十九日（金）の「信飛新聞」の報道記事の中には、「……此器械ノ発明人ハ縣下九大區ノ臥雲辰致（フスモタッチ）サンデ………」と「フスモタッチ」とルビしている。なぜ当時の信飛新聞の記者がこのような誤報をしたのか、その理由を聞く術をもたない。

長野県の関係書籍は人物紹介的なものであるが、『信濃の人』（大正三年十月発行、求光閣書店）、『信濃人物志』（大正十一年十二月発行、文正社）、『南安曇郡誌』（大正十二年十月発行）、『あすを築いた人々』（昭和三十四年二月発行、信濃教育会出版部）、『信濃人物誌』（昭和三十七年一月発行、信濃人物誌刊行会）などをあげることができる。これらは、いずれも人名辞典・人物紹介的な簡単なものに過ぎないが、『信濃の人』には「しんち」と書かれ、『あすを築いた人々』

や『信濃人物誌』はともに「がうんときむね」とルビをしている。また日本放送協会編『光を掲げた人々』も「ときむね」であった。いずれも前述したように三十年前までのものであり、「たっち」ではなく「ときむね」と書かれたものが多いのである。

それが、昭和四十年二月二十日発行の吉川弘文館「人物叢書」125・村瀬正章著『臥雲辰致』では本の扉の題名に「がうんたっち」とルビしている。そして本文では17ページの上部に見出しをつけて『「たっち」が正しい』とあり、本文には二ページにわたって次のように書かれている。念のためにその全文をここに引用しておきたい。

「辰致の名の読み方には、これまでいろいろあった。平凡社刊『大人名辞典』(昭和二八年)は「たっち」と読み、村沢武夫編『信濃人物誌』は「ときむね」、信濃史談会編『信濃の人』は「しんち」、『日本歴史大辞典』(河出書房新社刊)は「たつむね」、また浜島書店刊の『資料歴史年表』では「たつとも」と読むなど、はなはだまちまちである。しかし最近まで現存していた辰致の末子臥雲紫朗氏はじめ辰致の子孫の者、および安楽寺の檀徒総代であり岩原村の庄屋であった山口吉人氏の長男清三氏の語るところは、みな「たっち」と呼んでいたということである。紫朗氏の語るところによると、明治年代に発行された高等小学校用の修身書などに辰致の事蹟が掲載された時、各種の読み方をしたのが混乱のもとであろうということである。」(17、18ページ)

このように書いた村瀬正章氏は結論的に「たっち」が正しいと見出しに書いているが、臥雲辰致の二男・家佐雄（のちに須山家を継いだ）が「ときむね」と呼んでいた事実に何も触れていない。須山家佐雄の長男・須山惟慶氏から筆者は直接聞いたことがある。極めて不十分な調査によって断定してしまったのである。それが間違いのもとであったと筆者は思っている。しかも同書は榊原金之助著『ガラ紡績業の始祖　臥雲辰致翁傳記』を下敷きにして書かれているが、先学の榊原金之助氏が本文に「トキムネ」とルビしている部分を、なぜ軽視してしまったのであろうか。

## 「ときむね」でなければ

いずれにしても、昭和四十年以降に発行された書籍で前掲書の影響を受けていないものには、一九八六年十二月に日本評論社発行の『講座　日本技術の社会史　別巻2　人物篇』の中の石川清之氏の論考「臥雲辰致――ガラ紡の発明」がある。その中で「がうんときむね」とルビしたあと、カッコ内に（「たっち」、「たつむね」などと呼ばれている。）と書いている。また一九八六年の『技術と文明』（第4冊　3巻1号）に掲載されている玉川寛治氏の論文「がら紡精紡機の技術的評価」の中で「ガウン　トキムネ」としていることは注目に価する。

それ以外のものは前掲書、村瀬正章著『臥雲辰致』（昭和四十年二月発行、吉川弘文館）の影響をまともに受けて「たっち」と書いているように思われる。例えば『長野県百科事典』(昭和四十九年一月発行、信濃毎日新聞社)、『岡崎の人物史』(昭和五十四年一月発行)、『波田町誌』(昭和六十二年三月発行、波田町教育委員会)、『堀金村誌』(平成四年三月発行、堀金村教育委員会)、『日本の創造力(第四巻)』(平成五年四月発行、NHK出版)、宮下一男著『臥雲辰致』(平成五年六月発行、郷土出版社)なども同様であるが、何時かは「ときむね」と訂正する必要があろう。それらは前述した英文の出品目録の中の「GAUN　TOKIMUNE」の重要史料の存在を知らないまま書かれてきた。日本の創造力を国際的に発表した英文の初出文献は極めて重要なものであり、世界に誇れる独創的なガラ紡機の発明家「臥雲辰致」の国際性を尊重していきたいのである。

ついでに、これと同じように間違ってしまった名前の事例を、思い出したので書くことにする。それは明治時代の近代的建物の象徴である東宮御所赤坂離宮(現・迎賓館)を設計した建築家・片山東熊のことである。これは「カタヤマトウクマ」が正しいのである。そのことは国立公文書館館長の小玉正任著『公文書が語る歴史秘話』(平成四年七月発行、毎日新聞社)の中で指摘されているが、長い間、辞典や解説記事の中に「カタヤマトウユウ」、「カタヤマオトクマ」などと書かれたこともある。しかし、片山東熊の若き日の工部大学校(のちの東京帝国大学)時代の卒業論文の英文の中に「HARADA　TOKUMA」と書かれていることは何よりの証拠であろう。

ちなみに片山東熊は片山文左とハルとの四男として嘉永六年十二月（旧暦であるから一八五三年ではなく一八五四年に注意）長州（山口県）に生まれた。幕末には高杉晋作の奇兵隊に入った。そのころは原田家の養子となったから原田東熊であり、慶応四年（一八六八年）の戊辰戦争にも参加したが、明治の新時代に工部大学校造家科（東京大学工学部建築工学科の前身）の第一回卒業生として英国人教授ジョサイア・コンドル（Josiah Conder）の教えを受けた。明治十二年に工部大学校を卒業するまで養子先の原田姓を名乗っていた。その後、旧姓の片山東熊に戻っている。したがって、英文の史料によって証明されることは「ＴＯＫＵＭＡ」の場合も「ＴＯＫＩＭＵＮＥ」の場合も同様であり、何か共通なことを感じながら書いてきた。

そして百年以上を経過した今日において、迎賓館赤坂離宮の設計者・片山東熊の場合も、ガラ紡機の発明家・臥雲辰致の場合も、ともに国際的レベルの業績であり、今後ますます世界から注目されていく人物である。その名前を国際的に間違って紹介しては失礼な話である。前述した佐久間象山を長野県の県歌「信濃の国」の中で「しょうざん」、「ぞうざん」と歌うのとは訳が違うのである。かつて長野県議会で「ぞうざん」とか論議したという話もあったが、これも困ったことに違いない。

以上のように、いろいろ書いてきたが、十九世紀において世界に誇れる「紡ぐ」アイデアと自動制御との優れた発明家・臥雲辰致の名前は、国際的に通用する初出文献、明治十年（一八七七年）の英文目録に記録されている「ＧＡＵＮ　ＴＯＫＩＭＵＮＥ」を無視することはできない。そして、すでに重要史料や文献にその名前が記録されてきた「がうんときむね」であると筆者は考えている。

## 2　記念碑の意味

### 岡崎市郷土館を訪ねて

臥雲辰致の業績を後世のために保存し顕彰しているものには、愛知県犬山市にある博物館明治村の機械館（鉄道寮新橋工場・旧国鉄大井工場を昭和四十三年・一九六八年に移築）内に展示されているガラ紡機や岡崎市郷土館などをあげることができる。ここでは岡崎市郷土館の前に建っている記念碑について書くことにする。

岡崎市は徳川家康ブームによって訪れる人も多いようであるが、交通の便はＪＲ岡崎駅よりも名鉄・東岡崎駅下車が便利であろう。東岡崎駅前から歩いて十五分ほどのところに、国道一号線に面して岡崎市役所がある。そのすぐ先、信号のある交差点「吹矢橋北」を通過して約二百メートルのところ、消防署の先の角を左折すれば、朝日公園内に岡崎市郷土館や岡崎市せき

岡崎市郷土館
この建造物は、額田郡中央公会堂として大正二年十二月建設され、同五年、岡崎市に移管されたものであります。以後半世紀にわたり、広く市民の大集会場として親しまれてきましたが、近代的な市民会館の新設に伴い、昭和四十四年四月岡崎市郷土館に改称、今日に至っています。

第一号展示室は「近世・中世」、「特別展示」、「原始・古代」の各コーナーに区分され、第二号室は「真宮遺跡出土資料」等がそれぞれ展示してあります。

また、廊下には「民俗資料」を展示、壁面には絵図、歴史年表を掲示しています。

展示資料は寄贈によるものが多く、常に市民と密着する郷土館の運営に努めています。

岡崎市郷土館案内
1. 開館時間 午前9時から午後5時まで
（つごうにより時間を変更することもあります）
2. 休館日 毎週月曜日・祝日・市制記念日
1月1日から1月3日まで
12月29日から12月31日まで
3. 入場料 大人￥50.（中学生以上）団体（50人以上）
小人￥20.（5才以上） 大人￥40. 小人￥15.
岡崎市郷土館

図 1.4 岡崎市郷土館

れいホールなどがある。かつて、ここは岡崎市の中央公会堂のあった場所で現在の岡崎市朝日町三丁目三六―一に当たっている。この公園の正門を入ったすぐ左手に臥雲辰致の大きな顕彰碑・記念碑があった。

筆者が昭和五十一年（一九七六年）にここを訪ねた当時、この記念碑の周辺には背後に愛知県西三河労政事務所の建物、東側に愛知県岡崎勤労会館、そして記念碑と対面する方向に岡崎市郷土館などが公園内に配置されていた。そのとき撮影した写真を何枚か本書に掲載しているが、最近再びここを訪ねてみると、臥雲辰致の記念碑と岡崎市郷土館は以前のままであったが、その他のものは岡崎市せきれいホールという意味の分からない名前に変わっていた。この場合とは違うが、臥雲辰致「GAUN TOKIMUNE」の名前の重要史料（英文目録も立派な記念碑と考えている）を見落として、勝手に名前を「たっち」と変えては困ると思っている。

さて、臥雲辰致の記念碑であるが、写真のように枯山水の築山があり、高さ六十センチメートルの花崗岩の台座の上に、高さ三メートル、幅一メートルほどの記念碑が建っている。題額には右横書きの篆書体で「澤永存」（たくえいそん）とある。これは澤の水が永遠に万物へ恵みを与えるように、偉人の業績が国家や地域社会のために多大な貢献をしてきたことを意味しているのであろう。

その記念碑には「臥雲辰致氏記念碑　農商務大臣従三位勲一等男爵山本達雄題額」と刻まれ

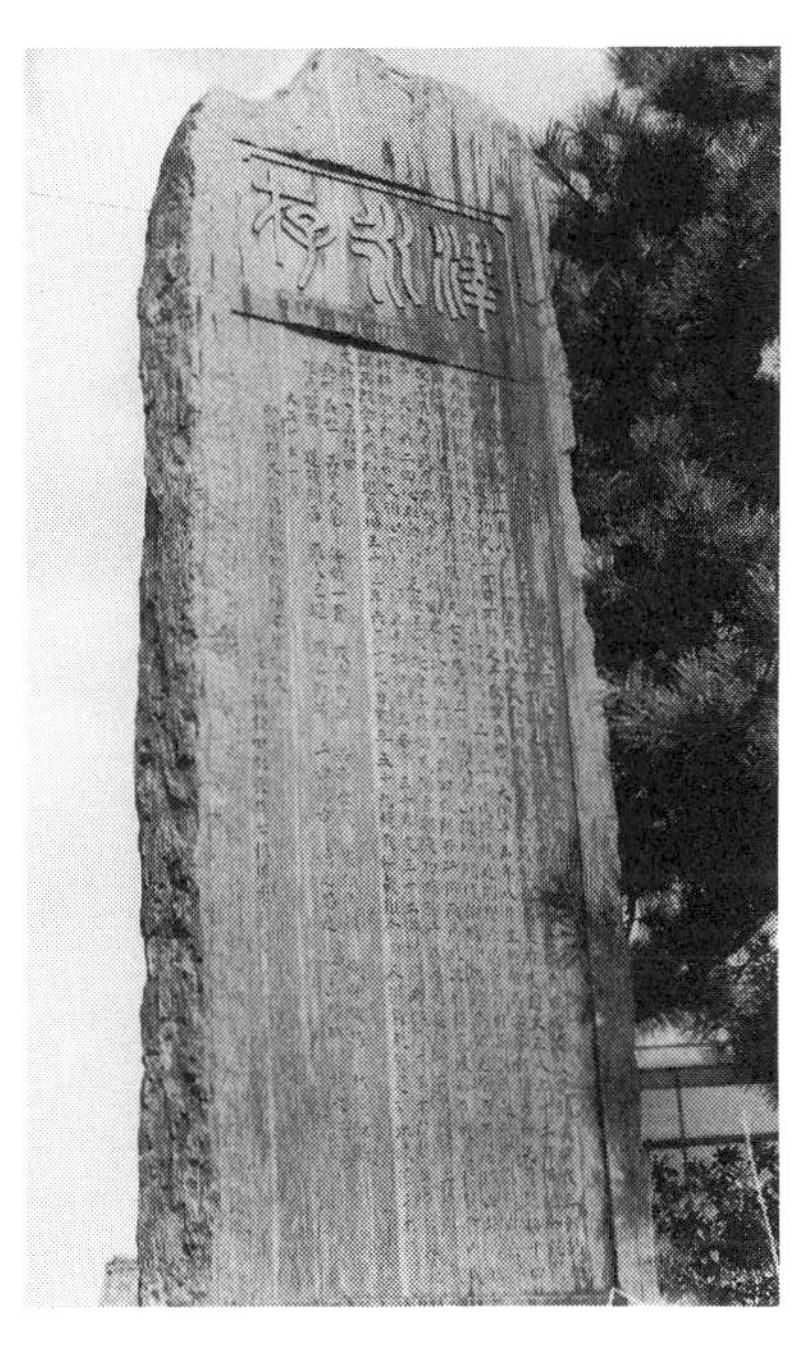

図 1.5 臥雲辰致の記念碑
題額『澤永存』

ている。碑文の末尾には「大正十年一月」、「勅特賜大陽眞鑑禅師総持石禅撰文」、「愛知県額田郡長正七位伴東謹書」とある。これについて触れれば、三河紡績同業組合の発展の恩人にあたる臥雲辰致の記念碑を建てることが大正八年（一九一九年）に計画された。当時の農商務大臣の山本達雄に題額を依頼した。それが前述した「澤永存」である。ちなみに地元の岡崎市の研究者の書いたものに「澤水存」と間違えて書いているものがあることを指摘しておきたい。写真のような篆刻であるから訂正して頂きたい。碑文は勅特賜大陽眞鑑禅師総持石禅禅師が撰文し、当時の額田郡郡長の伴東が大正十年一月に達筆をふるったのであろう。そして十年十月までに工事を終えた。三河紡績同業組合は十一月二日の臨時総会を経て、十一月二十九日に記念碑の除幕式を行なったのである。

## 記念碑に刻まれた文字

その記念碑の表面にある本文は漢文であり、次のように刻まれている。「富国之要元在商工發展而工業發達不可不俟之於機械發明然而機械發明自古得其人甚難矣抑我三河紡績同業組合明治十一年八月以初使用臥雲氏發明機械營製絲為濫觴爾来有變遷大正八年十二月得組合設置官許盖今日盛運其功大半不可不帰之于臥雲氏君以天保十三年八月生於信州安曇郡科布村（以下中断）」と長文の碑文が続いている。これは筆者が昭和五十八年（一九八三年）三月六日に現地調査したときの写真とメモとに記録されている。それを読みながら、この原稿を書いているところである。当時の感想も含めてその内容を説明的に書くことにする。

国の繁栄の要は工業商業の発展にある。そして工業の発達は機械の発明にまたなければならない。したがって機械の発明は昔からその人材を得ることは甚だ困難である。この三河紡績同業組合は明治十一年八月に初めて製糸を営むために、臥雲辰致の発明した機械を採用して開始した。それ以来次第に変遷し、大正八年十二月には組合設置の許可を得た。今日の発展とその功績の大半は臥雲辰致によるものである。

この碑文には「天保十三年八月生於信州安曇郡科布村」と刻まれているが、この科布村は明治時代の数年間の村名であり、臥雲辰致が生まれた天保時代には「小田多井村」が村名であることを指摘しておきたい。さらに碑文には臥雲辰致は生来頭がよく、十四歳のとき初めて織糸機（碑文には「織絲機」とあるが紡糸機の間違いであろう）を発明した。さらに研究に没頭し寝食を忘れるほど熱心であった。五年間もかけて機械を完成したが、試してみても実用にならなかった。本人も呆然自失、志を変えた。安楽寺の智順和尚について得度し、智栄（知栄とか智恵とか書いたものもあるが、智栄が正しいと筆者は考えている）と名乗って僧侶の見習いになった。お経を読み修行すること七年、慶応三年の幕末には臥雲山孤峰院の住職をつとめていた。

しかし明治維新の廃仏毀釈に直面して僧侶を廃業し、自分の姓名を寺の山号にちなんで臥雲辰致と改めた。そして居を筑摩郡波多村に移して閑静な生活に入ったが、一時中断していた発明への情熱が再燃することになった。以前に手掛けた機械を改良するために刻苦研鑽し、その結果ようやく完成することができた。その間に博覧会の賞を受けたり、天皇陛下にご覧いただいたことも二回に及んでいる。発明に心血を注ぎ窮乏はその極限状態にあった。妻子を姻戚に託して発明に専念し、ついに成功したほどである。

明治十五年には藍綬褒章を賜り、明治二十年には紡績組合の要請に応じて三河地方（岡崎）へ技術指導にきてくれた。機械の改良に努力し専売特許を得ることができた。これは志を立ててから実に三十年間の努力の成果であった。明治三十二年たまたま病気にかかり、病床にありながらも、改良に着手していた機械の完成を念じつつ、よく督励して改善につとめた。しかし、この改良機を未完成のまま逝去した。時に明治三十三年六月十九日（この記念碑には十九日と刻まれているが、郷里の墓には明治三十三年六月二十九日とある）享年五十九歳であった。碑文には「於戯惜哉」（あゝ惜しいかな）と続いている。

## 大正十年・一九二一年に建立

ついでに、ここまで書いてきた原文を念のために史料として追加しておきたい。前述した

「信州安曇郡科布村（以下中断）」の後に続く部分である。「天資頴悟十四歳初發明織絲機乃更研究勇憤幾乎寢餗倶廢五閲年機成而之試之則猶未適于實用呆然自失頓變志就郡之安楽寺智順得度稱智栄看經服勤凡七年慶應三年住臥雲山孤峰院明治維新偶遭廢佛之厄乃蓄髪以山號爲姓改名辰致居筑摩郡波多村閑静幽逸忽冷灰再燃乃採旧機刻苦研鑽改廢数次稍得完成此間或受博覧會賞或辱　天覧二回心血全灑窮乏甚最依托妻子於姻戚猶自期成功明治十五年朝廷特賜藍綬褒賞二十年應我紡績組合聘来則又潜心改良遂得専賣特許自立志實三十年矣三十二年偶罹病臥辱而手不離機械自督工而謀其改全未成逝矣時三十三年六月十九日享年五十九於戯惜哉組合同人深慕厥徳建碑以欲傳于不朽請文於衲乃爲銘曰」と名文が続いている。

このように組合同人、深くその徳を慕い碑を建て、その業績を永久に伝えるために、撰文は前述の名僧に依頼したのであろう。このような名文が碑文に刻まれている。さらに、そのあとに続いて「発明益世　其業大慈　終始一貫　或素或緇　苦辛世載　家族流離　機精械巧　紡績纅絲　殖産富国　造礎樹基　厥人已逝　厥名勒碑　千古萬古　憶之思之　信山疉碧　筑水湛猗」と漢詩で結んでいる。前述したような内容の漢文の碑文と漢詩とで約六百字が碑に刻まれていた。末尾には前述の「大正十年一月　勅特賜大陽眞鑑禅師総師石禅撰文　愛知県額田郡長正七位伴東謹書」で終わっている。

また碑の裏面には建碑関係者の氏名が刻まれている。その一部を記せば「臥雲辰致翁表彰建

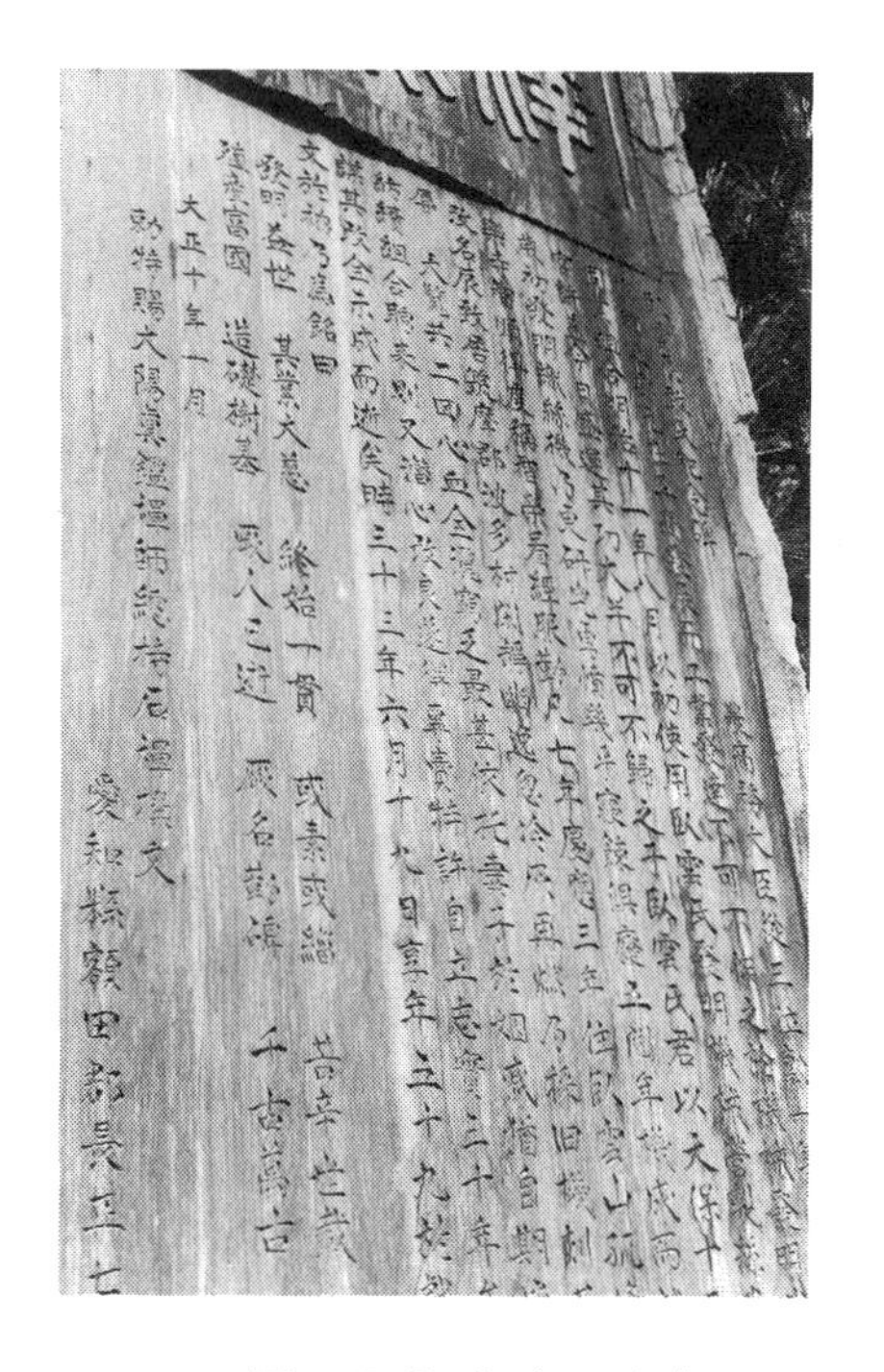

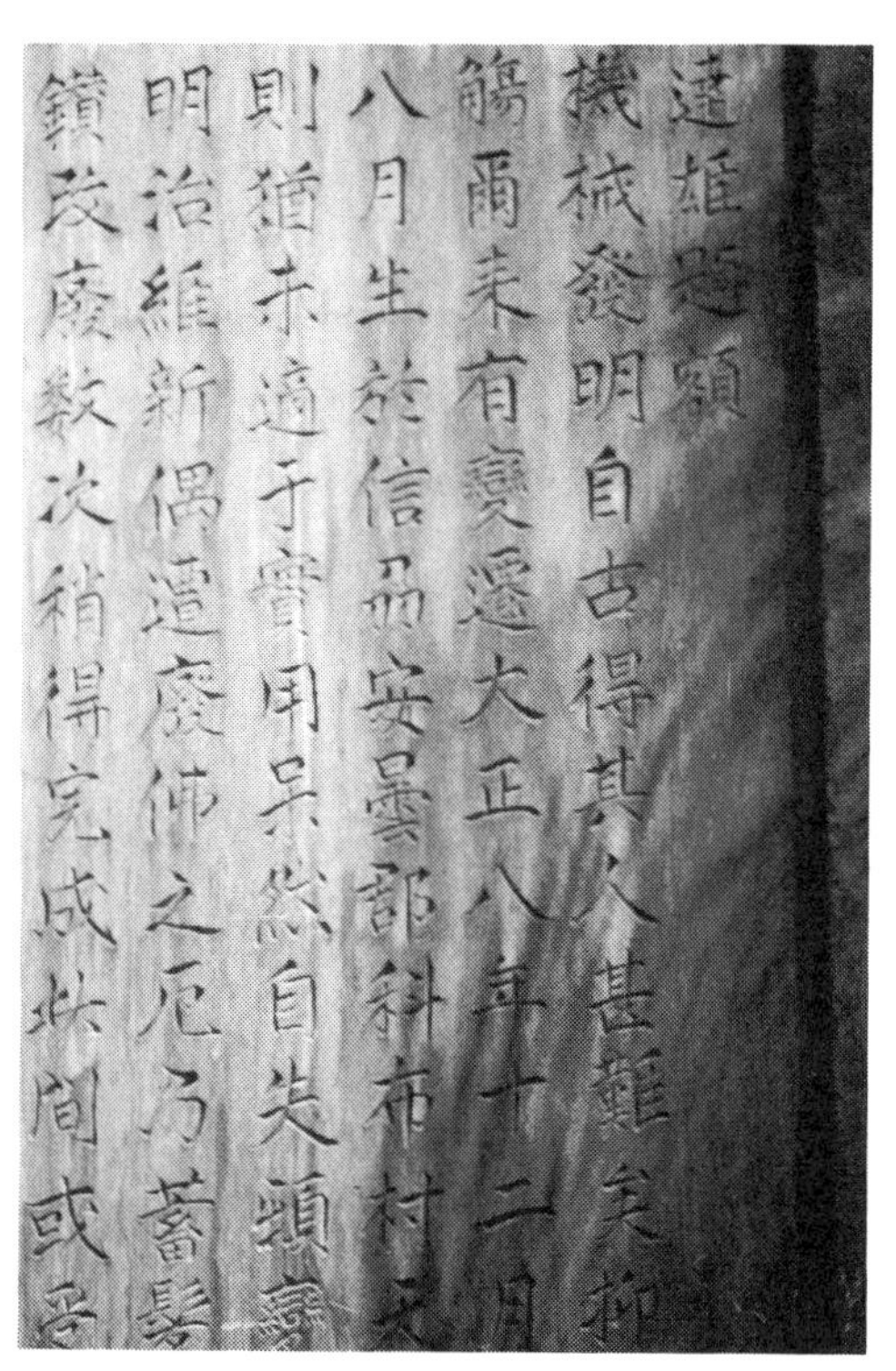

図 1.6 記念碑の碑文

図 1.7 三河紡績同業組合員が各地区から献納した石組み

碑係　組長野村茂平次　副組長中田元四郎　会計役大野惣五郎　第一区評議員鈴木六三郎　中山市太郎　大西十方吉……」と五十八人の氏名があり、最後に「石工　中川和七」とある。この石工の中川和七が岩組庭梅を監督して記念碑の建立に当たったのである。記念碑の基礎の部分を構成する石や枯山水の石組みの石は、三河紡績同業組合の組合員が臥雲辰致への感謝を込めて、各地区から献納したものといわれている。このようなボランティアに支えられ建設費は一千七百余円であった。それとともに協賛諸事業費等を含めて総額四千三百余円は、岡崎綿糸商組合の二千円をはじめとして三河紡績同業組合の組合員に支えられ、心のこもった浄財によるものであった。

これらの人々の尽力によって大正十年（一九二一年）十月に記念碑は建てられた。そして十一月二十九日に中央公会堂において、臥雲辰致の遺族にあたる臥雲紫朗（四男）、須山家佐雄（二男）をはじめ愛知県知事川口彦治・代理、岡崎市長本多敏樹・代理、額田郡長山本武五郎などを来賓に迎えて、三河紡績同業組合の役員と組合員が多数参列して、臥雲辰致の記念碑の除幕式が盛大に挙行された。それ以来、七十年以上の歳月が流れているが、高さ三メートルの淡緑色の大きな仙台石の記念碑には、臥雲辰致の業績が鮮明に深く刻み込まれていた。

# 第Ⅱ章　ガラ紡機の特徴

## 1　優れた発明

### 世界に誇れる「紡ぐ」アイデア

世界に類例のないガラ紡績の機械はどのように糸を紡ぐのであろうか。少し技術的な問題も含めて考えてみたい。筆者の手元には、産業考古学会の同学の友人・玉川寛治氏（大東紡織株式会社）から昭和六十二年（一九八七年）一月に頂戴した論文「がら紡精紡機の技術的評価」（『技術と文明』・第4冊　3巻1号　別刷）が保存されている。これは貴重で優れた研究論文であるが、一般の人には専門的過ぎるので難解の部分も多いと思われる。当時、筆者は長野県岡谷工業高等学校（前身は諏訪蚕糸学校）に勤務しており、同校には繊維工業科（現、生産システム科）があったので、生徒にその論文の要点を話したことがあった。それを思い出しながら、ここに書いておきたい。

私たちの身の回りにある織物や糸は様々な方法によって作られている。自然の恵みの天然繊維から糸を作るには、原料の天然繊維それ自身のもつ繊維の長さや性質によって、「繰る」、「紬ぐ」、「紡ぐ」、「績む」などの漢字が使われている。蚕の繭の糸の長さは一千五百メートルほどもあるといわれ、それから生糸をとることは「繰る」、「繰糸」である。繭から作った真綿を原料にして糸を引き出し、絹の紬糸を作ることが「紬ぐ」であり、綿や羊毛のように短い繊維をドラフトして撚（より）をかけて糸にすることが「紡ぐ」である。また麻や芭蕉などの帯状の長い繊維を引き裂いて、それを繋いで糸にすることが「績む」であろう。これらをもとに「紡績」という言葉もつくられてきたと思われるが、「紡ぐ」ことの操作や工程を総称して、今日では「紡績」と呼んでいる。

「紡ぐ」操作で大切なことは、糸にするときに同時に撚がかけられていることである。臥雲辰致がガラ紡の機械を考案するヒントは、火吹き竹に詰めた綿を穴から引き出したときに、たまたま火吹き竹がくるくると転がって撚がかかったという話もあるが、真偽のほどはわからない。前述した「繰る」生糸や「績む」糸などでは最初に撚がかかっていない糸が作られる。その後で必要に応じて撚糸機械にかけて糸を撚るのである。ここに長い繊維原料を糸に仕上げる「繰る」場合と短い繊維原料を糸に仕上げる「紡ぐ」場合との大きな相違がある。

ガラ紡の機械を発明した臥雲辰致の苦労は「紡ぐ」ことの一点に集中していたに違いない。綿から引き出した一筋の糸にどのようなメカニズムで撚をかけるかが問題である。綿を詰めた円筒を下から回転して撚をかけるところにガラ紡の機械の特徴がある。これに対して、引き出した糸を上から回転するように工夫し、撚をかける方式がヨーロッパ・西洋式の発明であった。イギリスの産業革命に大きな役割を担った紡績機械（ジェニー紡機）や後のミュール紡機などはこの方式といってよい。

このように西洋式の紡績機械は引き出した糸を回転しながら撚をかけているが、臥雲辰致のガラ紡機は、原料の綿に回転を与えながら引き出された糸に撚をかけていく、逆の発想であるように思われる。この微妙な違いが、一筋の糸に目に見えない質の違いを与えて、人に優しい柔らかな構造の糸・和紡糸から「和布」を作り上げているのであろう。

最近、マスコミではときどきエコロジー・環境問題と「和布」の効用について、水の汚染と洗剤・界面活性剤の過剰使用が問題になり、「和布」を使用すれば洗剤はいらないなどと書かれた文字を目にするようになってきた。それにつけても「世界の人々にとって、本当の技術開発や発明とは何か」と考えさせられる昨今である。ここに臥雲辰致の発明の今日的な価値を理解することができる。そして、その発明思想は今日の技術最先端をいく自動制御やオープンエンド（ＯＰＥＮ　ＥＮＤ）方式の紡績機械に脈々とつながっている。

## ガラ紡機の原理と構造

さて、臥雲辰致の発明したガラ紡機の原理と構造について少し触れておきたい。図は糸を紡ぐ主要部分の説明図である。原料の綿をよくほぐしてから円筒状に巻いたものを撚子（よりこ）というが、これを筒・壺（つぼ・ブリキ製の円筒で上部は空いている）に適当に詰める。壺の大きさは、内径一寸四分（四・二四センチメートル）、長さ六寸～一尺四寸（一八・一八～四二・四二センチメートル）程度のものが使用されている。壺の底板には壺芯というスピンドル（回転軸）が取り付けられており、これが一体になって回転する仕掛けである。

壺は上部の眼鏡板の穴と下部の遊鼓（ゆうごま・ゆうご・遊子・遊合ともいい軸受とクラッチの両方を兼ねている）と遊鼓台に支えられて、遊鼓にかかる調糸（ベルト）によって回転運動をすることができる。さらに壺の下部と遊鼓の上部に羽根という鉄片がつけられている。これはクラッチの役目をしている。紡ぎ出されていく糸が上へ引っ張られる力とバランスして、壺が上へ引き上げられれば羽根は互いに離れ、壺の回転が止まる。壺が下へ下がれば壺の羽根は遊鼓の羽根と接触し、遊鼓の回転動力を伝えられて壺が回転する。このように壺の回転を自動的に調節しながら、紡ぎ出されていく糸の太さを自動制御する素晴らしい発明である。

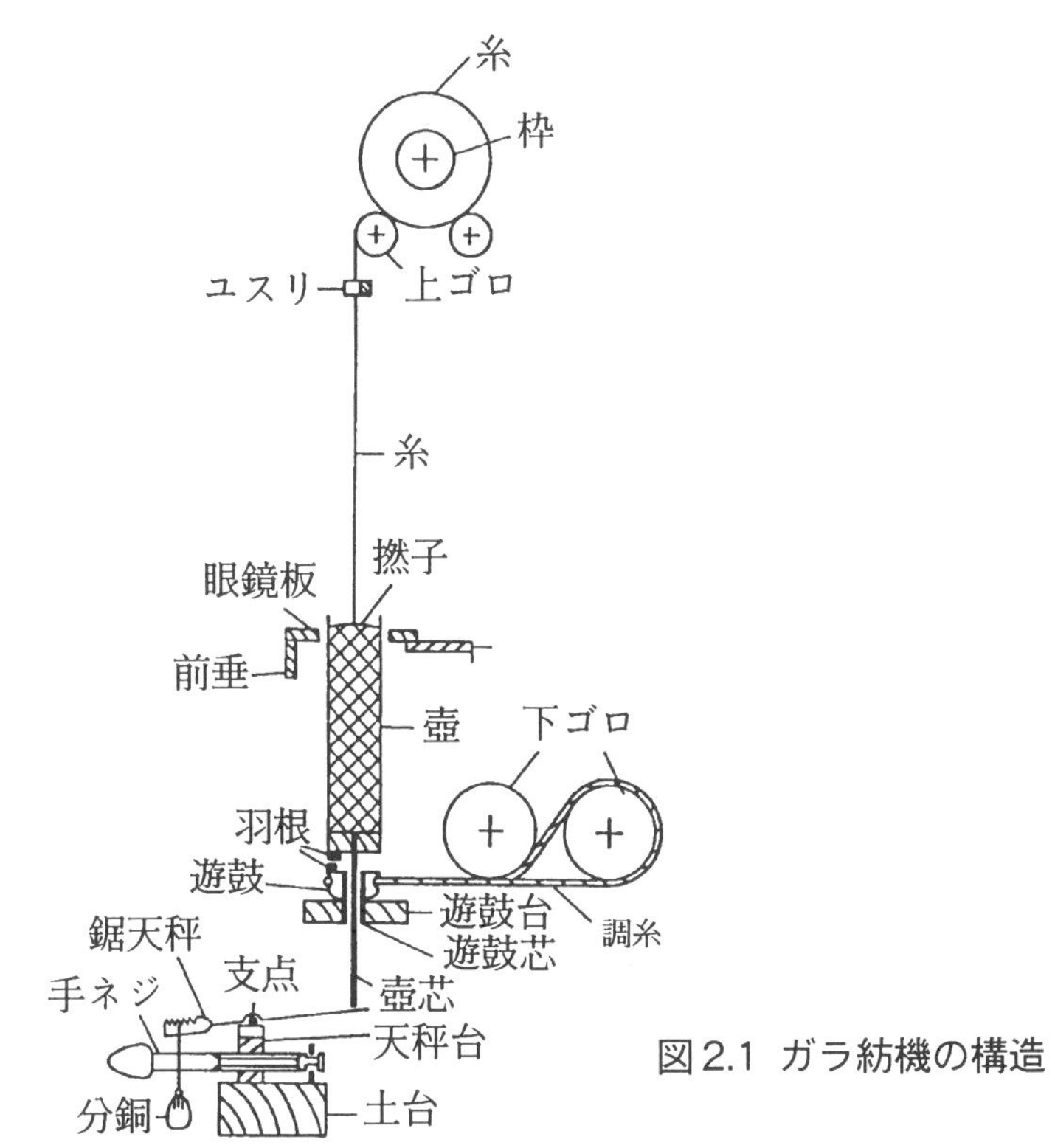


図 2.1 ガラ紡機の構造

図 2.2 稼働しているガラ紡機

## 優れた自動制御

今日、自動制御（Automatic Control）という言葉は産業技術分野では一般に用いられ、ロボット工学などの最先端技術に象徴されている。ところが、ガラ紡機の壺が上下に動く様子と糸に撚をかけていく状況とは、これほど微妙で合理的に力学の世界の法則にかなっているものはない。誠に巧みな自動制御の発明である。臥雲辰致こそ自動制御の元祖であると確信するようになってきた。

筆者は機械工学を専攻し、自動制御もそれなりに勉強してきたが、「臥雲辰致と自動制御」という話を聞いたことがない。その意味でも自動制御の教科書には画期的なガラ紡機の発明を入れる必要があると思っている。例えば、「自動制御の思想の端緒は日本では臥雲辰致によって明治時代・十九世紀において行なわれ、ガラ紡機の開発の中で実践された。………」とでも書いて、日本人の優れた発明・創造力や独創性を今日的視点で見直すことは大切であろう。

話が少しそれたので、撚をもとに戻すことにする。糸に撚がかけられていくところを観察してみると、一様の太さでない一筋の糸は、最も細いところ（力学的には弱いところ）へ自然に集中して撚がかけられ、次第に強さを増していくのである。太いところ（力学的には強いところ）には撚がかからないから伸びるのである。この自然法則にかなった原理を観察していて連想したことがある。今日の社会福祉のあり方「弱いところに手厚く」ということを、十九世紀

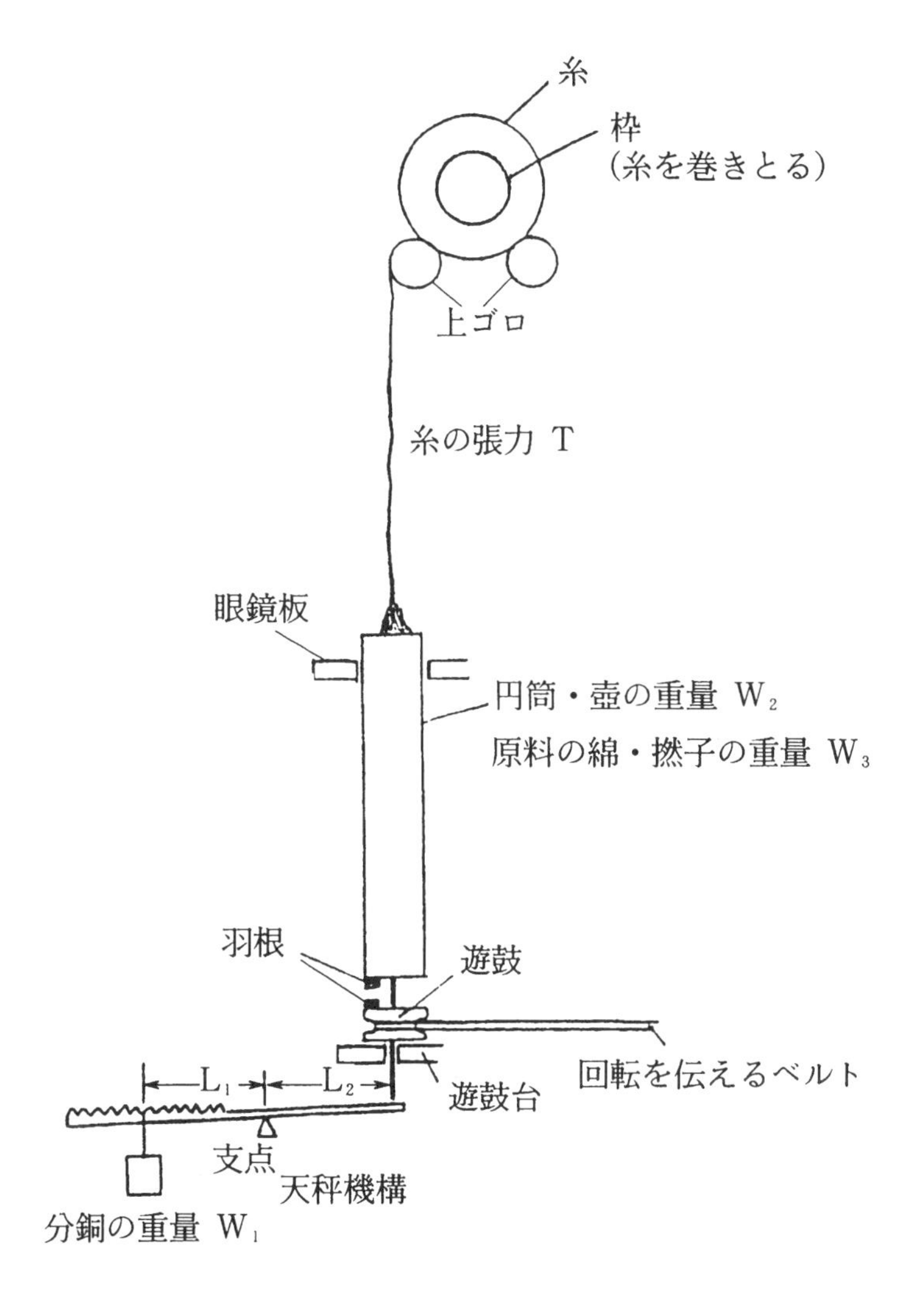


図 2.3 ガラ紡機の原理

円筒・壺の上下の動きによって、羽根がクラッチの役目をする。ON・OFF の自動制御である。

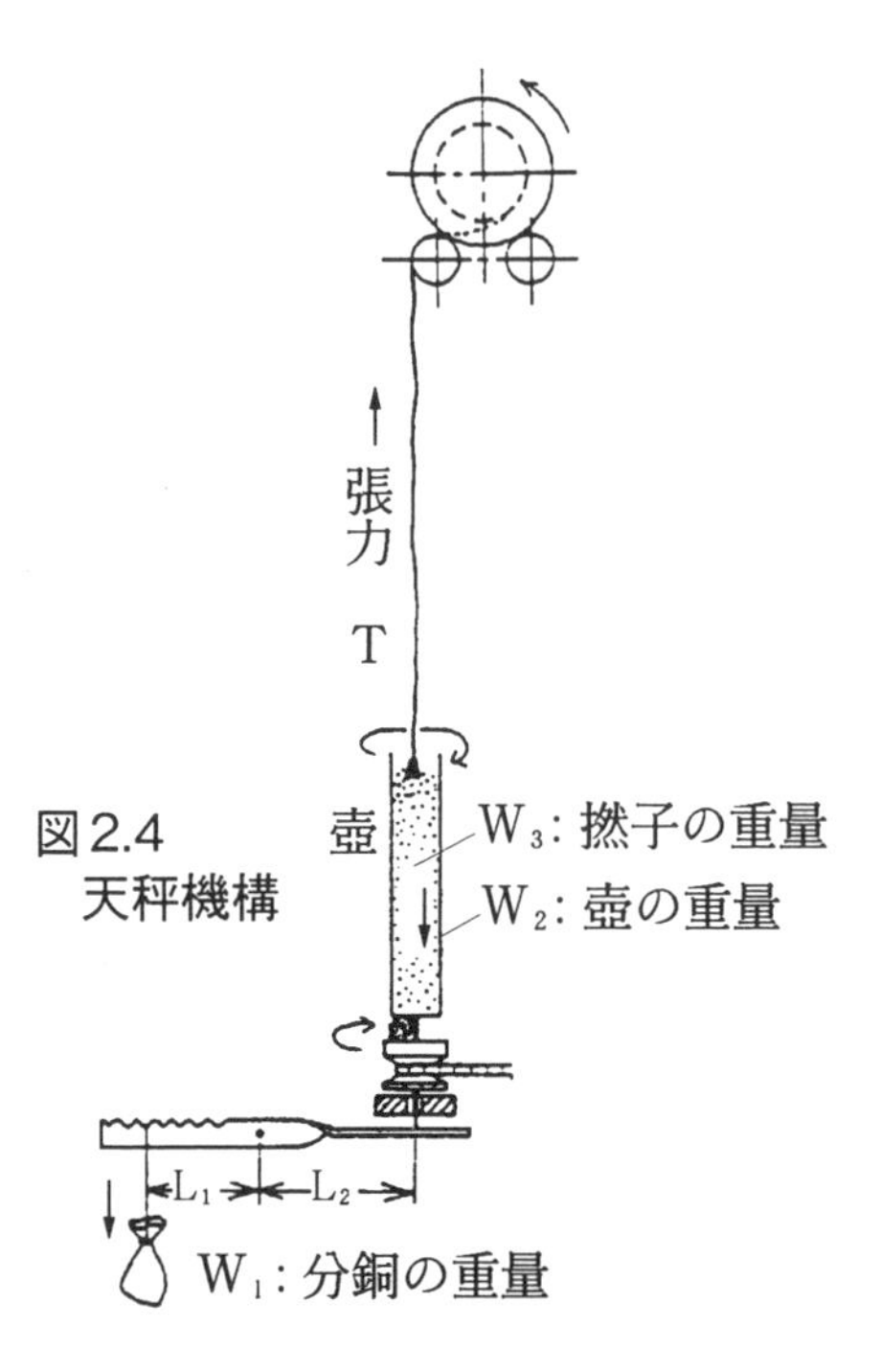


図2.4
天秤機構

図2.5 初期のガラ紡機（上：側面，下：正面）

にすでにガラ紡機は示唆していたように思われる。次第に一様な太さになろうとする糸が自動的に上ゴロの回転によって枠（糸巻き）に巻取られる。

なお図の中のユスリというのは、糸が糸巻き枠に巻取られるときに、左右にユスリ・揺すり（図では前後に相当）平均して巻取るような装置のことである。その糸に働く張力によって太い部分が引っ張られて細くなろうとする。細くなれば撚がかかり、太い部分は引っ張られて細くなる。それは下方にある天秤機構（鋸天秤にかけた分銅の重さと位置に関係する）とバランスをとりながら、自動的に連続的に一様の太さの糸になるように紡がれている。このように無理のない自然法則にかなった原理であり、優れた発明であった。

ついでに、図の中の天秤機構の働きについても触れておきたい。分銅の重量を$W_1$（初期のものは砂袋）、壺の重量を$W_2$、撚子の重量を$W_3$、糸の張力を$T$、支点と分銅間の距離を$L_1$、支点と壺芯間の距離を$L_2$とすれば、近似的に次の関係が成立する。$W_1 \times L_1 = (W_2 + W_3 - T) \times L_2$のように釣り合うはずである。撚子は原料の綿を円筒状に巻いたものを壺の中で動かないように詰めたものであり、その重量（$W_3$）は十匁（三七・五グラム）ほどである。糸が紡がれていくと、その重量が次第に減少していくので、支点からの距離$L_1$、$L_2$などを変化させてバランスをとることも工夫されてきた。紡ぎ出されていく糸が切れている状態で、糸の張力$T$は零であり、このとき壺底の羽根と遊鼓の羽根が接触するように、分銅と支点間の距離$L_1$によって天秤のバランスを調整するのである。

さて、よく調整された状態で壺が回転運動するとき、上部の枠に巻かれている糸を少し巻戻して、その糸の先端を撚子（原料の綿）の表面につけると、糸がつながり紡ぎ出しがスタートする。上部の枠が回転し糸が巻取られるにつれて、撚子の表面から綿の繊維がドラフトされるのと同時に、壺の回転によって撚がかけられながら、糸が連続的に紡ぎ出されていくのである。

前述した天秤機構が糸の太さを自動制御する主要部分であり、羽根クラッチの作用によって壺の回転がＯＮ・ＯＦＦされる。この壺の回転と停止との動作を適当に繰り返しながら、糸を紡ぐ自動制御の働きがガラ紡機の最大の特徴であると考えている。勿論、紡ぎ出される糸の太さは、原料の綿の繊維の長短、撚子の詰め方と固さ、引っ張り速度など様々な条件が複合している。いずれにしても世界的に傑出した発明である。

## 技術の再評価を

臥雲辰致が発明したガラ紡機によって、綿が紡ぎ出され、糸に転換する状態のメカニズムについて前項まで詳しく書いてきた。今までこの点に触れたものは、ほとんどなかった。前述した玉川寛治氏の論文は技術的問題をとりあげた貴重なものであると思っている。従来の技術的評価について、例えば明治十八年（一八八五年）六月に日本学士院において開催された講話会で荒川新一郎（繭糸織物陶漆器共進会の審査部長を担当）が報告している。当時、出品された国産の西洋式紡糸とガラ紡糸の品質試験結果に関連して、「本邦紡績者操業ノ要訣」と題して講評している。その中で西洋式紡糸と臥雲紡糸・ガラ紡糸の相異に触れて「臥雲紡糸ノ洋式紡糸ニ劣レル所以ノモノハ第一綿毛梳整ヲ受ケス繊維能ク整理セサルニヨリ第二紡糸真理ニ反シ伸撚ノ方法完整ナラサルニヨル」と述べているのである。

それを要約すれば、「臥雲方式が西洋方式に比較して劣る理由は、第一には綿毛梳整をしないためであり、第二には紡糸の真理に反して、伸ばして撚をかけていないからである」という意味の批評をしている。果たしてそうであろうか。当時、各地から出品された糸の製品に製造技術上の問題があり、紡糸の試験結果から臥雲式が西洋式の紡糸の強度よりやや劣っていた。そのことから、紡ぐ方式が真理に反すると荒川新一郎は結論したのであろう。それは今日からみれば大変な間違いであったと思っている。したがって、一世紀以上も過ぎた今日、そのガラ紡の技術を正確に再評価してみる必要があろう。

そこで、すでに本書の「はじめに」の中に書いたことを敢えてここで繰り返さなければならない。そこには「ガラ紡績は、イギリス産業革命を支えた西洋式の紡績機械のように高速度で均一な糸を紡ぐのではなく、低速回転で地球の引力を利用した自動制御によって糸を紡ぐのである。素材の綿に無理な力を加えることもなく、綿の繊維が自然に絡み合って紡がれている。

したがって糸の太さは一様ではないが、適当に凹凸をもつ糸がガラ紡の糸の特徴である。これは技術史的にみても、世界に類のない日本独特の紡績法であり、………」と書いてきた。これこそ、真理に沿った発想であり、臥雲辰致の発明ではないか。

今日まで、荒川新一郎の評価をそのまま受け売りしてきた書籍も多いように思われるが、それらは百年の風雪に耐えることはできなかったと考えている。そこで本当の技術とは一体何であるかを真剣に問い直してみる必要があろう。荒川新一郎から真理に反すると批判されたガラ紡の原理は、一九六〇年代に入ってから、主流を占めたリング方式精紡機を乗り越えた技術開発に応用されている。最近の先端的紡機のオープンエンド（OPEN END）OE方式といわれる紡績機械に蘇っている。これこそルネサンス・技術復興である。したがって臥雲辰致の発明思想には、今日的時代の真理にかなった、古くて新しい技術の問題が提起されている。諺には「Art is long, Life is short」といわれるが、人間にとって本当の技術とはこれだと考えている。

## コンピュータ制御と比較して

最近、平成四年（一九九二年）十一月二日（月）、信州大学繊維学部（所在地、上田市常田三—一五—一）の機能機械学科に篠原昭教授と中沢賢教授とを訪ねて、久々に親しく話す機会を得た。中沢賢教授は十年ほど前から、従来のガラ紡機の自力制御をコンピュータ制御による自動制御と比較して研究されてきた。『日本繊維機械学会　第43回年次大会研究発表論文集論文要旨集』（平成二年・一九九〇年六月七日発行）によれば、その研究の動機は「ガラ紡が一般の紡績法に比べ機械の構造が単純な割に比較的良好な糸がひけることに注目して、その紡糸原理を研究し、ガラ紡が糸の張力によって糸の太さとより数を安定に定める自力制御性をもつことを明らかにした。………」と記されている。

そのガラ紡の原理を研究するために、今日のメカトロニクスの技術を応用した機械装置「張力制御によるツイストドラフトスピニング（TDS）」（Twist Draft Spinning Controlled by Yarn Tension）を中沢賢教授の研究グループは開発した。それは略図のようなシステムである。前述した臥雲機の天秤機構による紡糸の太さを調整する機構の代わりに、上部に糸の張力センサ（ストレンゲージを応用した感知器）と太さセンサ（光学的な太さ感知器）とを設置している。このうち張力センサの電気的出力をコンピュータを介してDCサーボモータにフィードバックしている。そして糸に与える撚を筒の回転で加減することによって、糸の張力を一定に制御できるように考案されたシステムである。

臥雲機の場合は、筒の上下動によって羽根クラッチのオンオフ（ON・OFF）制御をするから、機械的な方式である。紡糸の張力が大きくなれば、筒は引き上げられて羽根クラッチが

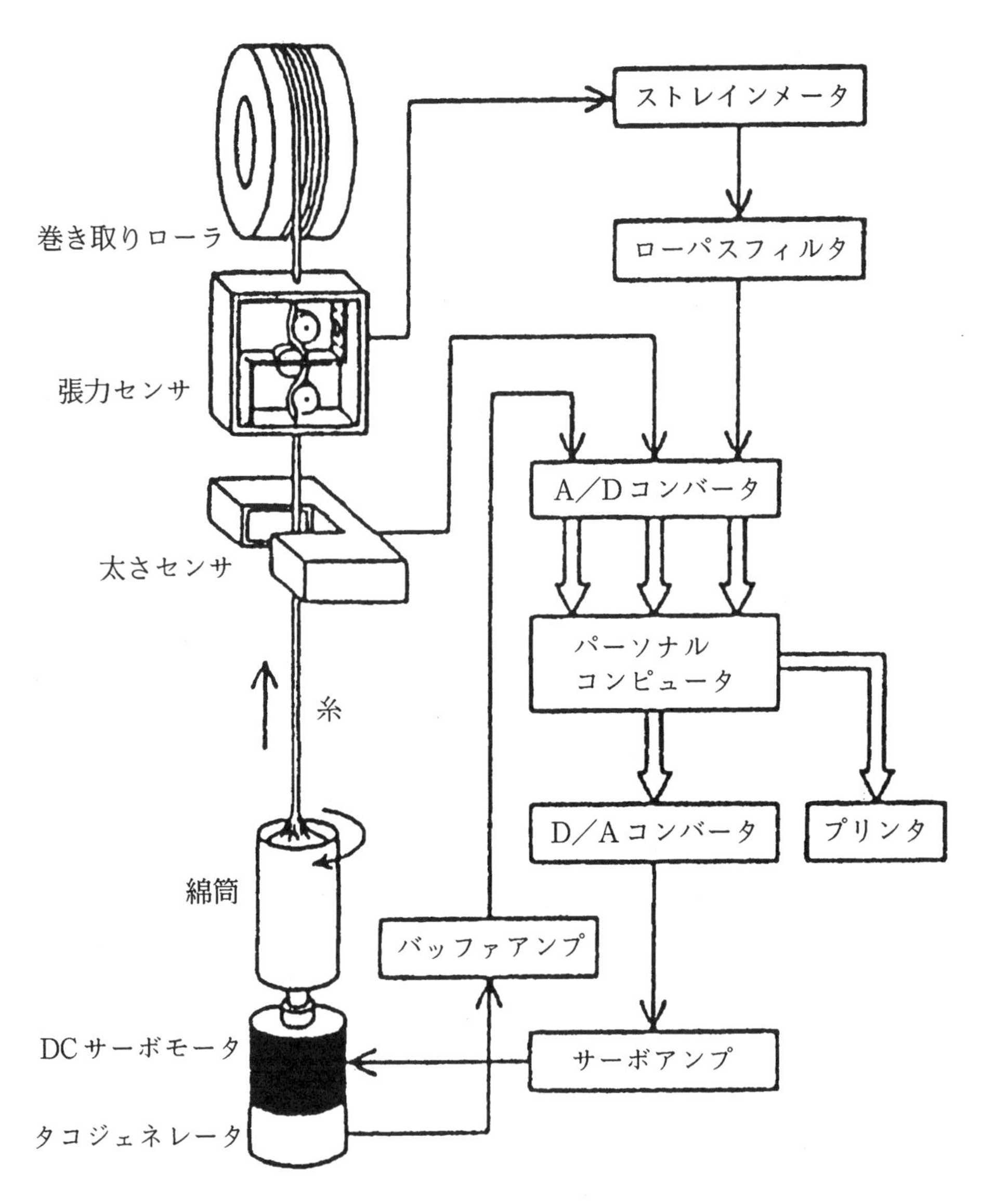
ストレインメータ
ローパスフィルタ
巻き取りローラ
張力センサ
A／Dコンバータ
太さセンサ
パーソナル
コンピュータ
糸
D／Aコンバータ
プリンタ
綿筒
バッファアンプ
DCサーボモータ
サーボアンプ
タコジェネレータ

図2.6 TDSの系統図

はずれる。筒の回転は停止するが、惰性（慣性の法則が働く）によって、すぐには停止しない。今日の自動制御の言葉で表現すれば、「応答の遅れ」は避けられないのである。それがガラ紡独特の紡糸を仕上げていくのであろうか。

これに対して、コンピュータを応用したＤＣサーボモータの動作は回転・停止・回転・停止を確実に実行するから、均一な太さの糸を紡ぐことも可能になり、応答性がよいのである。臥雲機においては筒が上下に動くが、コンピュータ制御の場合には、筒はＤＣサーボモータに直結しているので筒の上下動は不要である。糸の張力を検出して、電気的出力に変換してサーボモータの動作に連動させ、筒の回転速度を制御するのである。信州大学繊維学部の機能機械学科では、この機械装置を用いて、様々な条件下で興味深い実験が試みられている。

筆者はその研究室を見学したことがあるが、オンオフ制御や比例制御など今日の自動制御工学の観点から、従来のガラ紡について検討が加えられている。それによれば、コンピュータ制御による「ＴＤＳ」の開発によって、ガラ紡機の標準的な運転速度より速い約六倍のスピードまで高速化が可能であるといわれている。そして紡糸の品質は従来のガラ紡機より均一で細い糸を紡ぐことにも成功している。このように信州大学繊維学部の工学博士・中沢賢教授が中心になって開発・発明した機械は、平成三年（一九九一年）一月七日付で金井重要工業株式会社の名義で、特許を取得したと聞いている。

今日、技術の最先端をいくメカトロニクスを応用した自動制御と十九世紀における臥雲辰致の発明したガラ紡機の機械的な自動制御とを比較してみれば、電気的か機械的かの自動制御の相違がある。速度において数倍の差があり、細い糸を紡ぐことができるようになったが、両者の間に流れた歳月は百年以上の違いがある。それだけに、明治時代における臥雲辰致の自動制御の発明は、まさに驚異的な発明といわなければならない。しかも、フィードバックという自動制御の概念のない時代に、独力で開発したガラ紡機に取り付けていることは、ヨーロッパにおけるジェームス・ワットの蒸気機関の調速機の発明に匹敵するように思われる。現在からみれば、臥雲辰致のガラ紡機は回転速度が遅く、生産能率が低いこと、細糸の困難性、原料供給の不連続性などの問題点はあるとしても、今日まで百年以上も糸を紡いできたのである。次項から「2　ガラ紡工場を訪ねて」、「3　保存されているガラ紡機」について書くことにする。

## 2　ガラ紡工場を訪ねて

### 河合繊維工業所

ガラ紡機が糸を紡ぐ状況を詳細に観察したのは昭和五十五年頃のことであった。それは上田市から菅平方面・地蔵峠へ向かう道路沿いの家、長野県小県郡真田町本原六三六の河合三代次氏の経営する河合織維工業所を訪ねたときであった。当日は河合三代次氏の長男に当たる河合慎介氏夫妻に第二工場のガラ紡機を運転して頂いた。このガラ紡機は東京農工大学繊維博物館の関係者が欲しいといっている話をそのとき伺った記憶がある。

この工場の経緯について、河合三代次氏の話によれば、敗戦後に軍隊から復員してきて、二年後の三十四歳のとき昭和二十四年四月から奥様の美代子さんと協力してガラ紡機を導入した。このころ昭和二十三年頃（「第Ⅳ章　ガラ紡の推移」を参照）一時的にガラ紡は衰退し、工場を廃業するものもいた。この時期から開業したことも珍しいケースであると筆者は思っている。機械には多少の経験があった人とはいいながら、糸を紡ぐことには全く経験のなかった夫妻は、十年がかりで、よい糸を紡ぐことができるようになった。工場を軌道に乗せ、昭和三十五年に第一工場を整備、昭和三十八年に第二工場を増設、ガラ紡機六台（一台当たり六十四錘）が稼働し、順調に工場は経営されていった。しかし、種々の事情が重なって昭和五十七年（一九八二年）十月にガラ紡工場の経営を止めた。

このガラ紡工場は信州では数少ないガラ紡工場であり、筆者がガラ紡機の動作を詳しく観察した最初の工場であった。それだけに大変残念に思っている。河合三代次氏は大正四年生まれといわれるから、平成六年の現在七十九歳、奥様の美代子さんは七十六歳を迎えられると伺っている。ともに四十年近くガラ紡の糸を紡ぐ技術を工夫してこられた貴重な経験者である。お

図 2.7 河合織維工業所（長野県小県郡真田町）

図 2.8 河合三代次氏夫妻

二人に、ガラ紡機の筒・壺の上下の動きによる回転・停止のサイクルと糸との関係について、尋ねたことがある。その答えは「その動きこそが、ガラ紡の糸に強弱の微妙な味を添える……
……」と経験者の語る明快な結論であった。筒・壺の上下動は必要不可欠なものである。このことは後述の小野田慎一氏の話などとも完全に一致するものであった。

## 小野田ガラ紡工場

その後、昭和六十一年（一九八六年）十一月二十五日（火）、産業考古学会のメンバーと一緒に小野田慎一氏の経営するガラ紡工場（所在地、豊田市大内町河原畑三四）を視察した。そのときには奥様の小野田加津江さんが工場内で仕事をしていたことを、この原稿を書きながら思い出している。この工場は明治三十年（一八九七年）の創設というから、臥雲辰致がまだ元気なころのものである。間もなく百年になるが、ガラ紡の栄枯盛衰を支えてきたように思われる。当時は小野田慎一氏の祖父・悦治の時代であった。そして、その息子・英市（慎一氏の父親）へと引き継がれ、すでに経営は三代にわたっている。

以前に、犬山市の博物館明治村を訪ねたとき、そこの機械館（鉄道寮新橋工場・旧国鉄大井工場を博物館明治村へ移築）の館内のガラ紡機の説明文のプレートに「ガラ紡機（水車式）CUP・THROSTLE WATER – WHEEL SPINNING MACHINE 使用地 愛知県松平地方

図2.9 小野田慎一氏

図2.10 小野田ガラ紡工場内

製作年　明治中期　寄贈者　小野田英市氏」と記されていた。この資料となる一枚の写真（昭和五十一年に博物館明治村で撮影許可をもらって撮影したもの）が筆者の手元に保存されていた。その写真を見ながらこの原稿を書いているが、偶然とはいいながら、この小野田英市氏の長男が慎一氏であった。小野田慎一氏は大正九年（一九二〇年）四月一日の生まれであるから、平成六年の現在七十四歳と伺っている。

このように、人との出会いには偶然なことが多いものである。昭和五十一年（一九七六年）に筆者は大給恒の研究調査のために、大給城跡に登ったことがある。小野田慎一氏の家はこの山麓にあったが、当時はこのガラ紡工場を訪ねる心算はなかった。その帰途、岡崎市役所へ立ち寄り、大給恒の名誉市民の称号台帳を見せて頂いた。その同じ綴り（称号台帳）の中に臥雲辰致（この台帳にはトキムネとルビがあったことを今も鮮明に記憶している）の名前が記録されているのを拝見した。そのとき大給恒（Ｎｏ.９）と臥雲辰致（Ｎｏ.１２）との二枚のコピーを頂いて帰ったのであった。それは偶然とはいいながら、十八年前の話である。

小野田慎一氏の家は代々大給松平の藩主に仕えた家柄であった。最近、平成四年八月二十日、豊橋市の朝倉照雅氏（朝光テープ社長）の協力工場ということで、朝倉照雅氏の案内で小野田慎一氏の工場へ再度お邪魔することになった。このとき筆者の著書『大給恒と赤十字』（一九九一年発行・銀河書房）を贈呈した。それが契機になって、大給恒の直筆二幅も拝見することになった。このこともガラ紡工場での偶然的な出会いであった。

## 筒・壺の上下動について

さて、ガラ紡工場について、ガラ紡機の運転音を聞きながら、ガラ紡機の主要部分の動きに注目したのである。筆者が以前から疑問に思っている点について、「筒・壺の上下の動きによる回転の断続は、糸を紡ぐときの理想的状態では上下の動きがないように思われるが、上下動はあった方がよいのか、ない方がよいのか………?」と尋ねてみた。小野田慎一氏の経験的な話によれば、「この上下の動きがあるから、独特の糸に仕上がるのです。」ということであった。この言葉は前述した河合三代次氏夫妻の言葉とともに心に響くものがあった。この点について、従来の書籍には大変な間違いを書いてきたものもあるので、このことを指摘しておきたい。

要するに、筒・壺の上下の動きは前述した「第Ⅱ章　ガラ紡機の特徴」「1 優れた発明」の中に触れたように、クラッチの働きによってON・OFFの自動制御として、回転・停止を繰り返している。紡ぎ出す糸に規定の撚数を与えるよりも、遊鼓の回転数（回転速度）を意識的に大きく設定しているようである。これによって、筒・壺の回転・停止の動作が適当なサイクルで起こるように工夫しているのであろう。ここにガラ紡の技術的特徴があるのかも知れない。

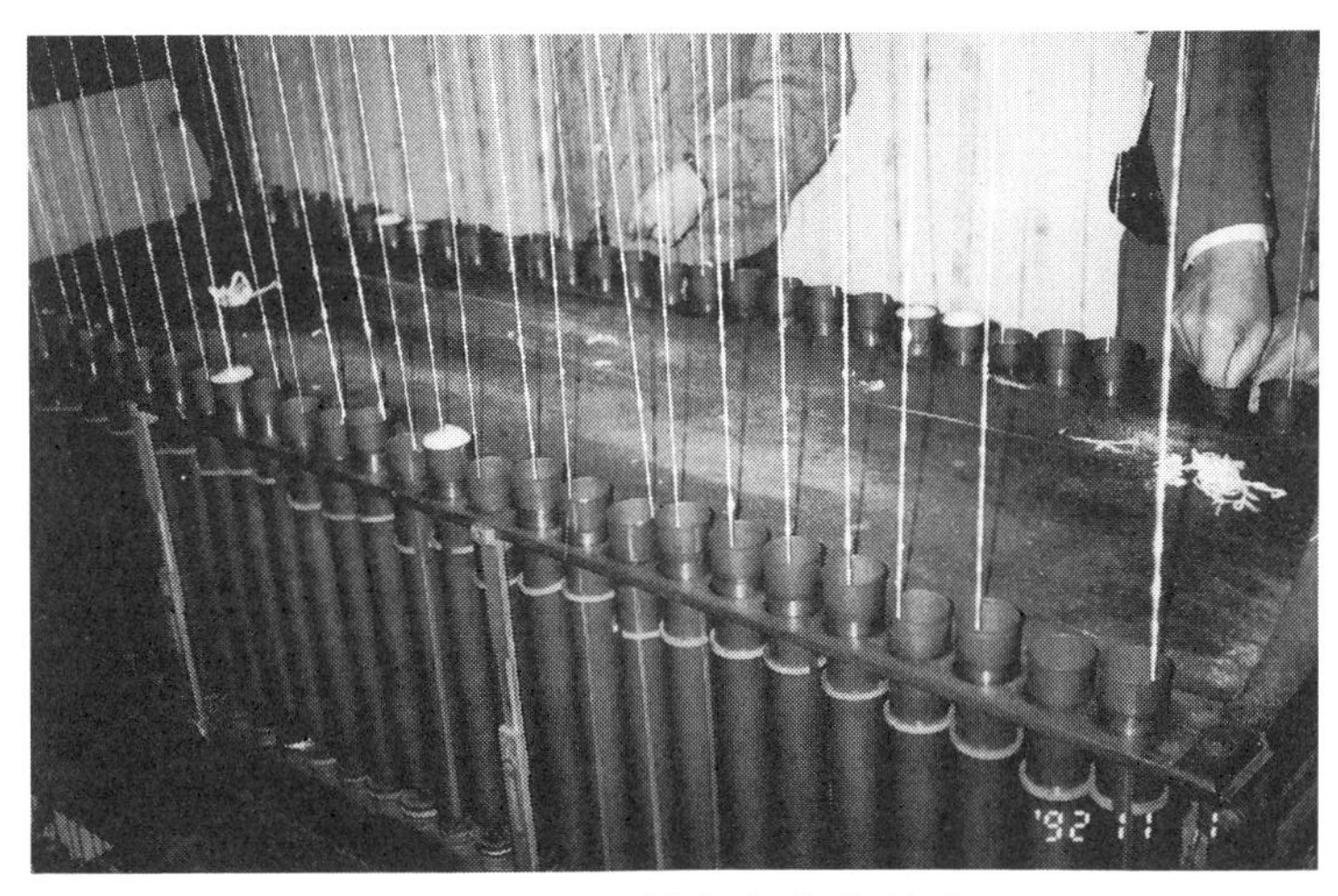

図2.11 綿から糸を紡ぐ

図2.12 筒・壺の上下動によりそれぞれの高さが変化している

紡がれる糸の張力によって筒・壺は上方へ動き筒の回転が停止する。それによって糸の太い部分が伸びて細くなる。

図2.13

ここに写真を何枚か掲載するので、その状況を少し丁寧に見て頂きたい。

また、同日、平成四年八月二十日（木）に岡崎市では珍しくなってしまったガラ紡工場・石田善久氏経営（岡崎市須淵町地神一〇〇）を視察した。ここは岡崎市の「少年自然の家」にも近いので、かつて岡崎市の産業技術に貢献した臥雲辰致の業績や発明の歴史などを勉強するために、よい場所ではないかと思った。このガラ紡工場は未来へ向けて、体験学習工場として技術保存することを、行政当局はエコロジー問題の重要テーマとして考える時期に直面しているようにも思われた。

なお、蛇足的なことであるが、昭和三十年代以降、近隣に自動車工場が進出したから、若者の労働力は急激にその分野へ移動した。ガラ紡工場の後継者が育ちにくい環境になってきたことも確かである。近代産業の光と影を象徴しているようであった。かつて三河地方の花形産業も急速に衰退したが、ガラ紡の技術保存に対して今後考えていく必要があろう。現在の花形産業のトヨタ自動車をはじめ光の部分は影の部分に対して少しの光のエネルギーと力を提供していくことは、日本の産業技術遺産の保存と伝承のために、大切な課題ではないかと直感した。

## 3 保存されているガラ紡機

昭和五十一年（一九七六年）十月、愛知県犬山市の博物館明治村を訪ねたことがある。そこには明治時代の工場建物の代表として昭和四十三年に旧・国鉄大井工場（新橋駅構内に創設したものを大井工場に移築）の建物を移築した「鉄道寮新橋工場・機械館」がある。その中には明治時代に活躍した水力発電所の水車・発電機やドロップハンマーなど各種の機械が展示されていた。大きな建物の入口を入った右手の方向の窓際に二台のガラ紡機が並んでいたのを今でもよく覚えている。当時、博物館の担当者に許可を得て写真撮影した写真が今も筆者の手元に保存されている。そのときの写真数枚の掲載許可を博物館明治村（館長村松貞次郎・東大名誉教授）から頂いたので、ここに資料・史料として掲載しておきたい。

### 博物館明治村所蔵・手動式

写真のガラ紡機は片側三十錘（壺の数）の形式で合計六十錘を、手回しハンドルによって、駆動する方式である。ハンドル軸に取り付けた歯車の歯数は四十枚、それと噛合う小歯車の歯数は十二枚でともに木製である。他の部分の動力は調車（滑車・ベルト車）と調糸（ひも・ベルト）によって伝えるようになっている。なお機械は摩耗を少なくするために、主要な軸受部分

図2.14
博物館明治村所蔵
ガラ紡機・手動式

図2.15
天秤機構の重りに
砂袋がついている

には鉄板がついている。これは愛知県新城地方で使用されいた機械を小早川哲雄氏が寄贈したものである。

機械の下方に取り付けてある天秤機構には、砂袋が分銅の代わりに用いられ、鋸天秤の歯の刻みは十三山である。これは何年ごろの製造のものか不明であるが、明治十年の第一回内国勧業博覧会出品後に改良された形式のものと推定できる。機械全体の大きさは、縦一・五六七メートル、横〇・七五五メートル、高さ一・〇一〇メートルの一般的の寸法である。フレームの長手方向の長さを一間（ひとま）といい、これを単位として、工場規模の大小に応じて適当に何台かつなげて据え付けたのであろう。

## 博物館明治村所蔵・水車式

前記の手動式と並んで展示されているものが、写真のように水車の動力によって運転する方式のものである。片側三十二錘、合計六十四錘の展示品は一間（ひとま）だけであるが、機械本体の大きさは縦二・四六〇メートル、横〇・七五二メートル、高さ一・二四三メートルである。明治時代の工場内で稼働していた当時は、何間・何台か連結して使用していたに違いない。標準的には四間（二百五十六錘）か六間（三百八十四錘）といわれている。

松本の開産社・連綿社で運転されたガラ紡機・臥雲機は残念ながら松本にも保存されていな

図 2.16 博物館明治村所蔵
ガラ紡機・水車式

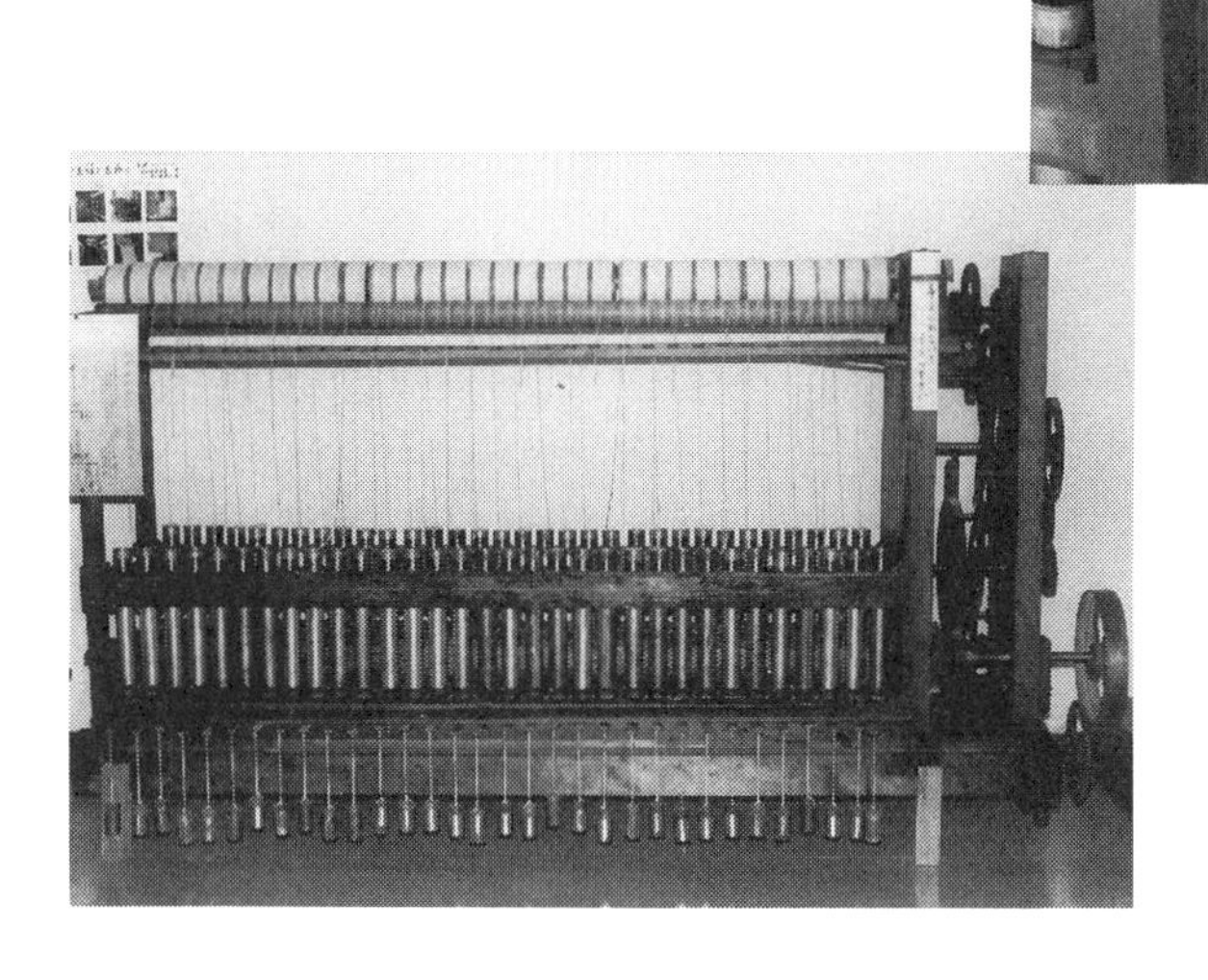

い。多分この型式の先駆的なスタイルであったと思われる。松本城の手前を（大手町と本町の間を分断して）流れる女鳥羽川に設置された水車動力を利用して、臥雲辰致は工夫改良への不屈の努力を続けてきたのであろう。展示されている機械の本体には「三河国岡崎町字能見鈴木製」の焼印が押されているから、鈴木次三郎が製作したものである。これは昭和年代の初期まで前述のガラ紡工場・小野田英市氏のところで使用していたものである。

自動制御をつかさどる天秤機構は手ネジで調整するようになっている。また天秤には五山の鋸歯が刻まれ適当な位置に分銅をかけて、天秤の微妙なバランスを調整するようになっている。ネジによって天秤の支点を調節する方式は明治二十二年（一八八九年）に中野清六（愛知県碧海郡堤村・現豊田市）が発明したもので、臥雲辰致のガラ紡機の発明以後における能率向上と合理化にとって最大の貢献をしている。発明の当初は手動によって調整したので手ネジと呼ばれたのであろう。

これらの技術開発は臥雲辰致の発明の延長線上で行なわれ、大正十一年（一九二二年）には深見喜太郎によって天秤のバランスを機械的に調節する発明が追加された。現代のガラ紡機は大体この形式のものが利用されている。その意味でもここに展示されている機械は、現代の機械と原理・機構に大きな違いがないところをみると、明治時代において如何に優れた発明であったかが窺われる。

いずれにしても、紡ぎ出される糸の太さ・番手を決定する天秤機構は、前述してきたように自動制御の発明の出発点であった。この自動制御とともに、原料の繊維の性質、繊維の長さ、水分率、撚子の固さ、上ゴロの巻取り速度、筒・壺と上ゴロの距離等々が微妙に糸の太さ・番手に影響を与える。ここに当初、機械を使用する人の経験と腕の善し悪しがあったように思われる。臥雲辰致が各地に技術指導に赴いたのもそのためであろう。

## 日本綿業倶楽部所蔵・手動式

大阪の社団法人・日本綿業倶楽部（所在地、大阪市中央区備後町二―五―八　綿業会館）には写真のようなガラ紡機が保存展示されている。ブリキ製の壺は片側十五錘であり、合計三十錘のものである。機械は手動式であり歯車装置も含めて木製である。これは初期の開発段階に属するものであろうが、臥雲辰致が直接関係したものかどうかは全く不明のままといってよい。機械本体には「東京橋本製」、「堺支店」、「細工人鈴木新吉」の三種類の焼印が押されているところをみると、これらの人々が関係したものであろう。これが第一回内国勧業博覧会に出品したものであると記述した書籍・文献もあるが、これは間違いであろう。

前述したように、明治十年（一八七七年）第一回内国勧業博覧会のころは、まだ特許制度が確立していなかったから、各地において模倣品が製造販売されたといわれている。『明治十四年

図 2.17
日本綿業倶楽部所蔵
ガラ紡機・手動式

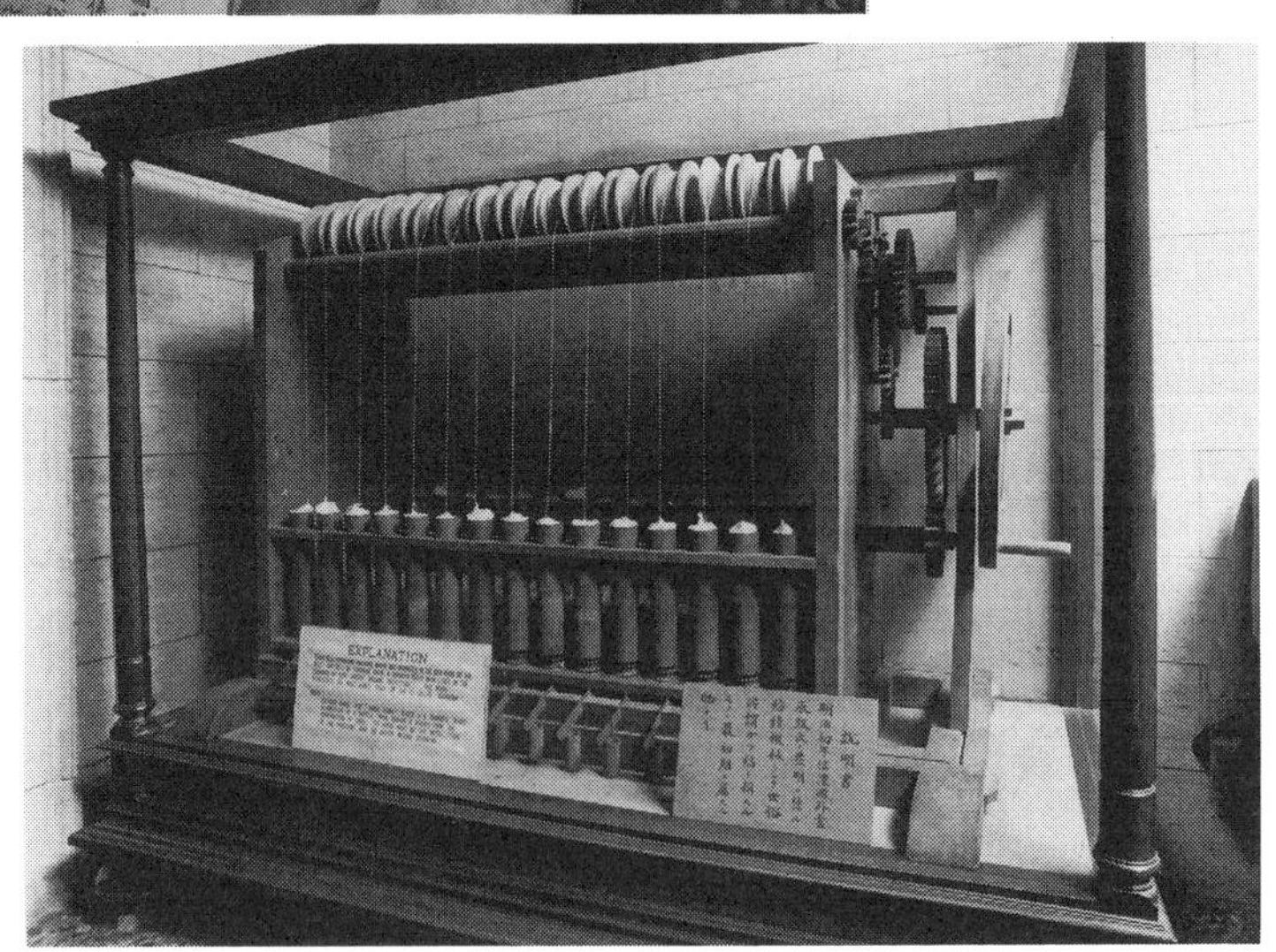

第二回内国勧業博覧会報告書』によれば、「模倣一時ニ遍ク東京府下処トシテ此機アラザルハナク参遠摂泉ノ各地争テ擬造ヲナシ………」と書かれているから、東京をはじめとして愛知（参州）、静岡（遠州）、大阪（摂州）、堺（泉州）の各地で模造され、発明者・臥雲辰致が甚だ迷惑を蒙った製品の一つかも知れない。

それにしても当時、画期的な優れた発明であったから、各地において模倣されたのであろう。特許制度の確立している今日においても、産業技術の最先端では模倣品が作られている状況は昔も今もあまり変わっていないように思われる。技術に携わるものは他人の発明を尊重し、自らの独創を大切にすることである。

臥雲辰致の発明品・ガラ紡機の初期の現物が信州の松本市や波田町などの発祥地に保存されていない今日では、優れた発明品を模倣してくれたからこそ、日本綿業倶楽部に保存される経緯となったのである。それだけに貴重な存在となっている。これは昭和六十年（一九八五年）三月から九月まで開催された「つくば万博」でも展示されたので、ご存じの方もいると思われる。

ちなみに、第一回内国勧業博覧会は八月二十一日から十一月三十日までの会期であった。この博覧会で好評を博した綿紡機械・ガラ紡機には注文が殺到した。この状況を示す史料を最近、平成四年七月に筆者は見つけることができた。それは『長野県公文編冊及び行政資料目録』の

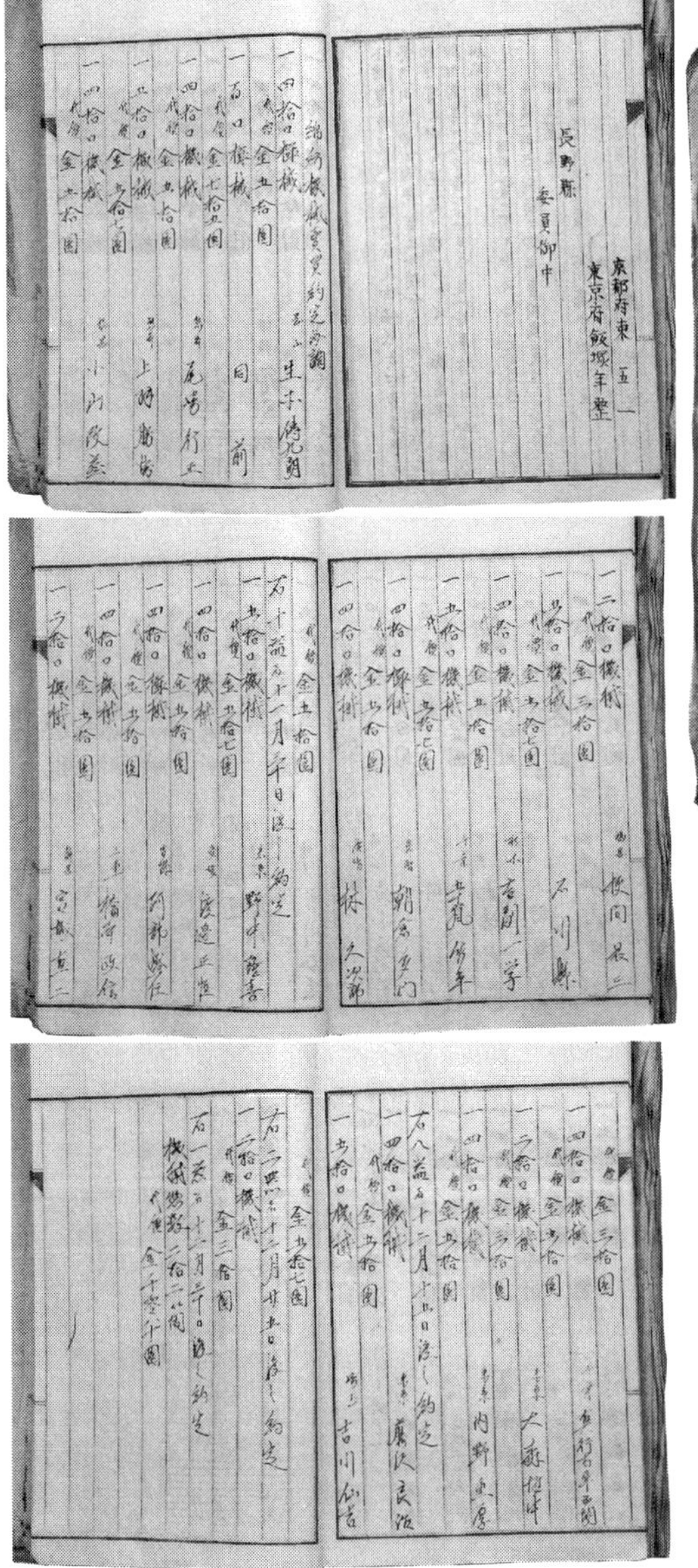

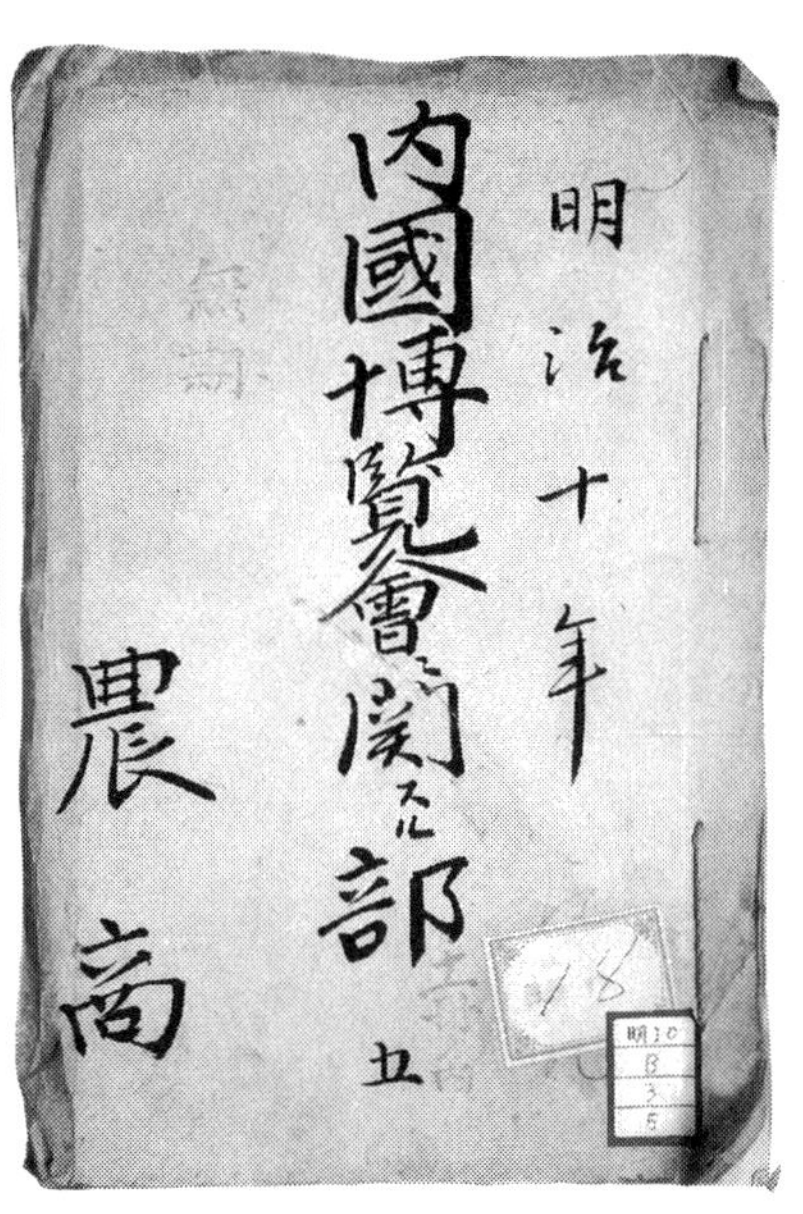


図2.18 綿紡機械売買約定済調

中に記載されている「内国博覧会ニ関スル部」の綴じ込み史料（全十一冊の五）の中にあった。「綿紡機械売買約定済調」に詳しく機種、価額、府県名、氏名などが記載されている。

ここでは少し整理して書くことにする。機械の型式は四十口機械（代金五十円）十二台、五十口機械（代金五十七円）五台、百口機械（代金七十五円）一台、二十口機械（代金三十円）四台の合計台数二十二台であり、代金合計千零八十円と記録されている。この金額は今日では何千万円に相当するのであろうか。そのうち十台は十一月三十日渡し約定（博覧会の終了日）、八台は十二月十五日渡し約定、二台は十二月二十五日、一台は十二月三十日渡し約定と書かれている。その史料から見ても、日本綿業倶楽部に保存されているものは三十錘であるが、四十錘が標準的なタイプであったと思われる。

なお参考までに売買約定者名を次に列記する。岡山　生木傳九郎（二台）、熊本　尾崎行正、熊本　上羽勝衛、福岡　小山改蔵、福岡　狭間長三、石川県、栃木　吉副一学、千葉　五十嵐佐平、愛知　朝倉多門、広島　林久次郎、東京　野中隆喜、愛媛　渡辺正恒、宮城　阿部盛任、三重　橋本政信、静岡　宮城直二、千葉　真行間外五朗、東京　大森惟中、東京　内野重厚、東京　藤沢良治、埼玉　吉川仙治である。このほかに一人だけ名前がブランクになっている。

この中の大森惟中は後の第二回内国勧業博覧会（明治十四年・一八八一年）の審査官を担当し、臥雲辰致に協力する人物で注目に価すると思っている。このように博覧会の開催中から多くの注文者があり、全国的に普及したのであった。前述した人々の関係者によって、もし保存されているものがあれば、日本綿業倶楽部のものと共に後世に伝えることができると思いながら、史料的な意味も含めてこの原稿をここまで書いてきた。

### 堀金村歴史民俗資料館所蔵

臥雲辰致の生まれ故郷に昭和五十四年（一九七九年）六月に開館した堀金村歴史民俗資料館（所在地・長野県南安曇郡堀金村烏川二七五三―一）がある。それは堀金村役場や公民館に隣接した付近にある。ここへはＪＲ大糸線・豊科駅で下車して西へ三キロメートルほどで行くことができる。この歴史民俗資料館から南へ三キロメートルほどの地点に臥雲辰致の生家がある。資料館の中には、郷土の歴史や地域の民俗などが理解し易いように展示されている。その中に昭和五十五年（一九八〇年）三月十四日、愛知県豊田市松平商工会から寄贈されたガラ紡機一台と撚糸機一台とがある。

その経緯を記せば、これは豊田市松平商工会の名義になっているが、このガラ紡機は博物館明治村に保存展示されている水車式の後継機であり、片側三十二錘、両側合計六十四錘のものである。豊田市大内町河原畑三四の小野田慎一氏経営のガラ紡工場において、昭和四十六年頃まで稼働していたものであった。前述の「2　ガラ紡工場を訪ねて」の中に書いたように、筆者

図2.19 長野県堀金村
歴史民俗資料館所蔵

はこのガラ紡工場を二回訪ねたことがある。そのとき小野田慎一氏から直接聞いている話としてここに記録しておきたい。また撚糸機一台も同様に小野田慎一氏のガラ紡工場で使用していたものが寄贈されたのであった。

さらに平成四年（一九九二年）十月三十一日から三日間にわたって臥雲辰致生誕百五十年記念事業が開催された。その際、長野県穂高町有明の細川勝次氏（クラフトハウス・穂高カルチュアハウスの経営者）寄贈のガラ紡機が動態保存された。これは片側三十二錘、両側合計六十四錘のものである。モータが直結されているので、電源スイッチを入れれば、糸を紡ぐ状況を詳細に観察できる。この動態保存によって、ここ安曇野を訪れる人々は、ガラ紡機の世界に誇れる「紡ぐ」アイデア・独創的な発明の技術思想を、臥雲辰致の生まれ故郷・堀金村において、漸く探究することができるように思われる。

## 東京農工大学工学部附属繊維博物館所蔵

平成五年二月九日㈫、久しぶりに東京農工大学工学部附属繊維博物館（東京都小金井市中町二―二四―一六）を訪ねてみた。ここには昭和五十七年（一九八二年）以来、産業考古学会の事務局が置かれている。ＪＲ中央線三鷹駅の二つ先、東小金井駅で下車して、南口から西の方角へ徒歩で九分ほどのところにある。大学の付属博物館として全国的にもユニークな存在になっている。明治十九年（一八八六年）に東京高等蚕糸学校の前身である農商務省農商局蚕病試験場の参考陳列室として創設された。それ以来、百余年の伝統をもつ博物館である。

三階建の建物の館内には学術的な価値をもつ多くの史料・資料が展示室に陳列されている。繊維のいろいろの標本、各種の繊維機械、模型、文献などによって、繊維に関する歴史と技術、素材と製品、繊維機械などについて見学・学習・体験することができるようになっている。

さて、臥雲辰致に関係のあるガラ紡機は、この博物館の正面入口を入った一階右側の展示室（第１２室）の紡績機コーナーに展示されている。ここではガラ紡機にモータが直結され、電源スイッチを入れれば、糸を紡ぐ状況を観察できるように工夫されている。このようにガラ紡機を動態保存している博物館は少ないので、ガラ紡の技術保存のためにも大いに役立つのではないかと思った。

このガラ紡機については「繊維博物館資料登録カード」によれば、「収集法・寄贈、収集年・昭和６０年6月、納入者・愛知の産業遺跡遺物調査保存研究会」などと記録されているだけで、その経過の詳細を読み取ることはできなかった。そこで「愛知の産業遺跡・遺物調査保存研究会」の代表・石田正治氏に照会した結果、次のようなことが判明したので、その要点を記録しておきたい。

愛知県岡崎市川向町伊勢木の横川栄三氏が経営していたガラ紡績工場にガラ紡機二台（八間・

図 2.20 東京農工大学工学部付属繊維博物館

図 2.21 同博物館所蔵ガラ紡機

五百十二錘と五間・三百二十錘)、撚糸機一台(五間・百二十錘)、合糸機二台(五錘と七錘)などが稼働していた。このガラ紡機は敗戦直後に横川氏が中古品を購入したので、製造者・製造年月日などは不明であったといわれている。昭和五十九年(一九八四年)十一月に「愛知の産業遺跡・遺物調査保存研究会」の手によって解体保存されていた。これが昭和六十年六月に東京農工大学工学部附属繊維博物館に寄贈されたのであった。現在、東京農工大学工学部附属繊維博物館にはガラ紡機一台(前述のガラ紡機の八間のうちの一間・六十四錘だけを切り取ったもの)を展示保存している。それと同時に撚糸機と合糸機との各一台も展示保存されたのであった。

# 第Ⅲ章　臥雲辰致・発明家への道

## 1　若き日の臥雲辰致

### 安曇野を訪ねて

北アルプスの常念岳や蝶ヶ岳への登山道には、信州の安曇野の堀金村から烏川に沿って登る素晴らしいコースがある。かつて明治二十七年（一八九四年）にイギリス人ウォルター・ウェストンが常念岳へ登ったのもこのコースであった。有名なウォルター・ウェストンの著書『日本アルプス　登山と探検』(Mountaineering and Exploration in the Japanese Alps London 1896) の中にも詳細にそのことが記録されている。高い山の頂上を極めるには着実に歩く以外によい方法はないが、常念岳への道は波乱に満ちた臥雲辰致の生涯を象徴しているように思えた。

この堀金村は優れた発明家・臥雲辰致の生まれ故郷であった。小説『安曇野』（筑摩書房発行）の著者・臼井吉見も堀金村の出身であるが、臥雲辰致について何も書いてこなかったように思

図 3.1 臥雲辰致のふるさと安曇野（北アルプス常念岳と拾ヶ堰）

図 3.2 臥雲辰致の生家

われる。そんなことを考えながら、新緑の安曇野を訪ねてみた。ガラ紡機の発明家・臥雲辰致は、明治時代の十九世紀において日本の産業革命を推進した偉大な人物であると考えているが、何故か安曇野から忘れられ埋もれてしまった。その生涯と業績について少しの光を当てながら、今日的視点から歴史の真相に迫ってみたいのである。

臥雲辰致は天保十三年（一八四二年）八月十五日、信濃国安曇郡小田多井村（現、長野県南安曇郡堀金村大字三田字小田多井一九五番地）に父・横山儀十郎と母・なみの二男として生まれた。父は義重とか儀重とか書かれたものもあるが、儀十郎は十四郎の長男であった。母は筑摩郡田沢村（現、南安曇郡豊科町）の村田孫市の二女であり、儀十郎のもとに嫁いできた人であった。臥雲辰致の生家、小田多井村のことに関連して少し触れれば、『南安曇郡誌』旧版（大正十二年十月十五日発行）には「三田村小田多井（当時の科布村）」と書かれ、新版・第三巻下（昭和四十六年四月十日発行）には「堀金村小田井」と書かれているが、いずれも間違いであろう。『長野県の地名』（一九七九年発行、平凡社）によれば、天保時代の村名は「小田多井村」と記されている。

ついでに、天保時代のことについて手元の『国史研究年表』（昭和十年五月十二日発行、岩波書店）を参考にすれば、いわゆる「天保の改革」があった翌年、天保十三年にはさまざまな禁止令が出された年である。その中に書かれている「七月十八日　柳亭種彦歿　六〇」とあるのが目に止まった。松本市の浮世絵博物館に所蔵されている浮世絵・葛飾北斎の「拷問之図」に示される事件の死であろうか。この事件に巻き込まれないように、徳川幕府に反感を抱いていた葛飾北斎は信州小布施へ身を隠したのであろう。ちなみに葛飾北斎が幕府の隠密であるなどという違った話を書いた作家もいるが、これは歴史を見る視点が狂った結果と思っている。史実を大切にしたいものである。いずれにしても、このような江戸時代の天保十三年に臥雲辰致は安曇平の小田多井村に生まれたのであった。

## 少年時代の栄弥

さて、臥雲辰致は幼名を栄弥といい八人兄弟（兄一人、妹四人、弟二人）の二男であった。家では農業を営むかたわら、この地方の農家の副業であった足袋底（たびそこ）を作る仕事が行なわれていた。ちなみに松本周辺の足袋底作りは、天保年間に分部嘉吉という人が発明した機織り器によって作られ、製品の評判が良かったといわれている。その製品は信州底とか石底とか呼ばれて各地で人気があった。その原料の綿・棉花は三河（愛知）、遠江（静岡）方面をはじめ地元の善光寺平から仕入れていた。その綿を手で紡いで糸にする手仕事、足袋底の原糸を作る仕事が農家の副業になっていたが、横山儀十郎の家はその足袋底織りの問屋も兼ねていたようである。

横山栄弥少年がのちに（明治四年以降）臥雲辰致と改名していくのであるが、明治十五年に臥雲辰致が書いたといわれる履歴書・岡崎市郷土館所蔵（臥雲辰蔵とあるので真偽のほどはわからない）の中にも、そのことに触れられている。それは「東筑摩郡役所」の罫紙に書かれているが、それによれば、「父家耕農及足袋底製ヲ以テ生業ト為ス九歳ノ時加州ノ人松下氏ニ就普通ノ習字ヲ学フ十二三歳ヨリ父兄ノ命ヲ受遠近ノ村落ニ奔走シ綿ヲ配リ糸ニ製スル事ニ従事セシカ器具ノ迂ニシテ工事其労ニ堪ヘス因テ為以是カ機械ヲ作リ以テ自他ノ労ヲ省カハ可ナリト欲シ砕心苦慮ノ功空シカラス十四歳ノ末季ニ至リ一小機械ヲ構造セリ然レトモ戯玩ノ具ニ似テ未タ実用ニ足ラス」と記されている。

このように十二、十三歳のころには取引先の農家へ出掛けて、綿を配り、糸を集める仕事を手伝っていたのであろう。自分の家をはじめ、それぞれの家の手紡ぎの作業工程を見聞すれば、誠に非能率であることが栄弥少年の目に映り、心に深く刻まれていったのであろう。綿を弓のようなものでビーン、ビーンと打ちながら、弓の弦（つる）の振動によって綿を弦にからませる打綿作業がある。それをブーイ、ブーイと手紡ぎの篠巻（しのまき）につくり、手で紡いでいく手紡糸作業がそれぞれ続くのである。この単純作業の繰り返しで糸は紡がれる。この手間暇のかかる手仕事を、夜遅くまで続けている母親たちの姿を見るにつけても、もっと能率的なよい方法はないかと考えたに違いない。

履歴書
長野県下東筑摩郡[illegible]
[illegible]番地
臥雲辰致
本県下南安曇郡[illegible]村横山義重二男天保
十三壬寅年八月十五日生ル幼名ハ栄弥ト云フ父ハ家
耕農及足袋底製造ヲ以テ生業ト為ス
九歳ノ時加納ノ人松下氏ニ就テ筆道ヲ習フ[illegible]
十二三歳ノ頃父兄ノ命ニ依テ足袋底製造ノ村落ニ於テ[illegible]
[illegible]ヲ販売シ[illegible]其業ニ従事セシカ器具ヲ造テ
[illegible]其労ニ堪ヘス因テ[illegible]機織ヲ
作リ以テ自他ノ労ヲ省カハ可ナラント欲シ[illegible]
[illegible]
苦慮ノ功空シカラス十四歳ノ未[illegible]一小機
械ノ構造ヲ為シタリ然レ[illegible]戯玩ノ具ニ[illegible]
足ラス
十八歳ノ時機織ノ改造[illegible]成功ニ至ラス
文久元辛酉年父兄ノ諭導ニ因リ同郡烏川村寶
[illegible]安楽寺ノ住職智順ニ依テ得度シ法名ヲ
智恵ト名ク時ニ年廿歳[illegible]
経論ヲ講ス[illegible]七年
慶応三丁卯年同郡烏川村臥雲山孤峰院ノ
住職トナル時ニ年廿六又明治四辛未年ノ四月廃寺
[illegible]帰俗シ姓ヲ臥雲名ヲ辰致ト[illegible]
烏川村ニ[illegible]再ヒ綿糸機械製造ニ従事シ

図3.3 臥雲辰致が書いたといわれる履歴書（岡崎市郷土館所蔵）

初テ太多機織ノ成功ス [illegible]
全六癸酉年地租改正ニ付実地調査ノ際開墾
器ヲ作リ望人ノ需ニ応ス 同八乙亥年官ニ請願
ニ於テ紡績機械専売免許ヲ求ム 其年ヨリ其後
備ニナリ許スニ至ラス 廿年本縣下東筑摩郡
波多村ニ移轉ス
全九丙子年六月又綿機織ノ改造ニ且細条綿織
ノ成功ニ及ヒ機械織機ノ発票ニ一小機ヲ携造
作リ旧筑摩縣ニ請願シテ褒賞ヲ領賜ス 仰ケリ
五月二十四日有名ナル作カト大ニ機械ヲ製造セシテ
ノ請ヲ承ケ諸國ニ運輸ス 称揚ナリ
一般ニ販売シテ専ラ機械製造ニ従事セリ

同十丁丑年六月又機械ノ改造ヲ機関ニ一変化
ノ方ヘ良ヤ得ル需メニ応シ則縣庁ノ許可ヲ仰ケリ
九月第一回内國勧業博覧会ニ出品ス 寫
般賞牌ヲ授与セラル 同時東京神田連雀町ニ支
店ヲ設ケ各府縣ノ需メニ応シテ五百臺ヲ販
ル販売セリ
同十一戊寅年静岡縣下駿河國伊庭石川
鉄中國高山等ニ支店ヲ開キ以テ大方ノ需ニ
応セリ 七月又機械ノ改造ス 九月北陸御巡幸ノ
節本縣下長野ノ展覧所ニ出品シテ天覧ヲ経テ
同十二己卯年連綿社ニ式ヲ成シ一千ニ[illegible]
本店ヲ関テ以テ社務ヲ総ナシス

同十三年庚辰年又機械ヲ改造シ且機械機織ニ工夫
成功ス六月當地御巡幸ノ節綿糸機械ニテ織リ
天覧ニ供ス同時太政大臣三条実美公我機械
場ニ親臨ス七月前大蔵卿佐野常民公モ亦親
臨セラル
同十四年辛巳年三月綿糸機械ノ機関ニ一大変
革ヲ発シ大ニ精良ヲ得タリ四月綿糸機械ヲ第
二回内国勧業博覧会ヘ出品進呈ス二等賞牌
ヲ拝受ス又爾後種々考ヲ加ヘ今日ニ至リ精々改
良ノ功ヲ奏セリ抑綿糸機械発明以来二十
経テ二十有七改造シテ八段ニ至リ漸ク功用
全キ物ニ至レリ

謹記

右之通ニ候者也

明治廿五年一月　右　臥雲辰致

苦労な労働を改善するために便利な機械の発明が必要であった。聡明な栄弥少年は日頃このことばかりに集中して頭を使っていた。今日でいえば省力化・自動化への夢を百年以上前の十九世紀において、すでに描いていたのであった。それ以前の九歳のとき、嘉永三年（一八五〇年・ペリー来航の三年前）寺子屋において松下某（加賀出身の人・松田斐宣ではないかともいわれている）に習字や文学を学んだといわれているが、発明家への道は教育制度には余り関係がないようである。古今東西の発明発見の歴史によれば、個々の人間の閃きと、のめり込みが偉大な業績に関係するように思われる。

## 発明の出発点

栄弥十四歳のころの話として伝えられるところによれば、火吹き竹の筒の中に綿を詰め込んで、火吹き竹の穴から綿を引き出していた。その綿が細く伸びて長くなるのをよく観察していたが、たまたま火吹き竹が手から離れてくるくると転がって糸に撚（より）がかかった。この偶然がヒントになって、苦心の結果、一つの機械を考案することに繋がったという伝説的な話がある。これはニュートンの万有引力とリンゴの話のようである。いずれにしても、日頃から一つのテーマに焦点を当てて苦労していれば、やがて偶然という必然の結果として、天才は発明発見の閃きに到達できるのではないかと思われる。

その時点で綿糸紡績機械、のちの臥雲機・ガラ紡機の発明の出発点があったに違いない。そのことは本書の「第Ⅱ章　ガラ紡機の特徴」において詳しく触れてきた。筒（壺ともいう）の中に入れた綿を真上にドラフト（引き出し）しながら、同時に筒を下方から回転して撚をかけ、糸に仕上げていく独創的な発想となった。のちに臥雲辰致は世界に類例のないユニークな発明への長い道程を辿ることになるが、それは前述した常念岳への登山道を登る苦労にも増して、道なき道を独りいく、未知への挑戦であり苦難の連続に繋がっていくのである。そのことは明治時代になってからの臥雲辰致のことであるから、話を幕末の栄弥に戻すことにする。

前述した履歴書の中に書かれていた「十四歳ノ末季ニ至リ一小機械ヲ構造セリ然レトモ戯玩ノ具ニ似テ未タ実用ニ足ラス」とあるように、十四歳の終わりころ、一つの機械を作ったが、玩具のようなもので実用にはならなかった。周囲の人々は誰一人として、栄弥の考案の可能性に対して理解を示そうとしなかった。むしろ変わり者扱いにされたようである。栄弥は昼となく夜となく紡機の開発のために夢中で努力し、全精力を注いでいった。

数年の歳月が流れて漸く、紡機の主要部分・筒の回転部分に改良を加えて、実用に役立ちそうな器械を開発した。地元の大工に依頼して試作し実験してみたが、予想に反して結果はよくなかった。横山家の父・儀十郎や兄・九八郎は怒って器械を壊した。「このような良材は火にくべても役に立つが、この無用の器械は何だ」といって、栄弥を罵り馬鹿にしたのであった。しかし、栄弥はこれに屈することなく、その失敗の原因を分析して、改良へ向けて懸命の努力を続けていった。

## 仏門に入り智栄となる

栄弥は家の手伝いが疎かになり、部屋に終日閉じこもることが多くなった。はた目には一種の精神病ではないかと思われるほどで、父や兄をはじめ家人は大変心配した。多分、今日ではストレスによるノイローゼのようなものであろうか。薬を飲ませたり、気分転換をするようにすすめたが、余り効果はなかった。父親の儀十郎は将来のことを心配して、隣村の岩原村（現、長野県南安曇郡堀金村岩原）にある寶降山安楽寺の住職・智順和尚に相談し、弟子にして貰うように頼んだ。

発明への情熱をもって異常な状態にある栄弥を何とか自立させたいという親の願いと、栄弥自身の気持ちとの間には大きなギャップがあったかも知れない。それをどのように説得したか聞く術をもたないが、とにかく智順和尚のもとに弟子入りすることになった。坊主の法名は智栄と名付けられた。生来、のめり込むタイプの人物で聡明であるから、仏道に帰依して人一倍精進するようになった。

それは栄弥二十歳の春であり、年号は文久元年（一八六一年）であった。ちなみに前述した

図 3.4 長野県堀金村の安楽寺跡周辺

『国史研究年表』によれば、前年の万延元年（一八六〇年）に当たる安政七年三月三日には井伊直弼が桜田門外で水戸浪士によって暗殺された。その万延元年の翌年の二月十九日に年号を万延から文久へと改めている。二度目に来日したシーボルトが五月十一日に幕府の顧問に召されるとか、十二月十一日に孝明天皇の皇女和宮が十四代将軍徳川家茂へ降嫁するなど幕末の急を告げる状況になってきた。

安楽寺の智順和尚のもとで修行を続ける智栄はひたすら仏道に精進した。お経を読み、学問を修め、徳を積み、やがて先輩の修行僧・智海を凌ぐものがあった。智順和尚は愛弟子の智栄を抜擢して安楽寺の末寺に当たる臥雲山孤峰院の住持とした。それは慶応三年（一八六七年）智栄二十六歳のときであった。四年後にこの寺の山号を自らの姓名に変えるほどの激動に遭遇するとは予測できなかったと思われる。

そのころ慶応三年には十五代将軍徳川慶喜の弟・昭武が幕府の名代としてパリ万国博覧会に出席した。これとは別に佐賀藩からは佐野常民ほか四人がチョンマゲ姿で参加した。この佐野常民が十五年後に臥雲辰致の面倒をみるのも偶然とはいいながら不思議な歴史の展開である。また臥雲辰致とともに岡崎市の名誉市民の称号を贈られている大給恒は信州に五稜郭・龍岡城（現、長野県南佐久郡臼田町）を完成した。しかし時代は大政奉還へと進み新しい時代の幕開けが始まろうとしていた。

図 3.5 臥雲山弧峰院跡の付近

## 2　発明家へ再出発

### 出直す「臥雲辰致」

幕末から明治維新への歴史の大転換について、ここでは触れる必要もないが、この時期に智栄は二十七歳になっていた。前述したように、二十歳で安楽寺に入り、二十六歳で臥雲山孤峰院の住職になった。それから一年後の明治元年（一八六八年）、明治維新に遭遇したのである。疾風怒涛の時代は江戸・東京から遠い安曇平にも深刻な影響を与えた。特に明治初年の廃仏毀釈では松本藩が厳しく積極的に対応したから、この地方の寺々はほとんど廃止される運命となった。明治新政府の方針・太政官布告によって、神仏分離が行なわれ神社内の神宮寺が取り壊されるなど、神道が唯一のものとされた。

明治三年に松本藩知事の戸田光則は率先して、菩提寺の全久院を廃止して学校にするなど、廃仏毀釈の方針を推進した。したがって臥雲山孤峰院も明治四年には廃止された。住職になって足掛け五年、三十歳の智栄は職を失い還俗して出直すことになった。その心境を聞くことはできないが、極めて深刻であり、苦悩の再出発であったに違いない。仏門に入って十年、文久元年（一八六一年）から明治四年（一八七一年）までの期間は二十歳から三十歳までの貴重な体験をした十年間であった。これに終止符を打って出直すために、敢えて寺の山号「臥雲」を姓に、名前を「辰致」としたところに歴史的大転換の意味が込められているのであろう。

前述した自筆といわれる履歴書に「明治四辛未年旧藩主ノ勧誘ニヨリ帰俗シ姓名ヲ臥雲辰致ト改メ居ヲ烏川村ニ定メ再ヒ紡糸機械製造ニ従事シ・・・・・・・・」とあるように山寺を降りて烏川村（現、堀金村烏川）に居住した。寺の住職であったものが、自らの意志に反して還俗したのであるから、そのショックを乗り越え困難を克服して、新しい出発について思案したに違いない。その再出発こそ、かつて、のめり込み夢みた紡機発明の再燃であったと思われる。すでに三十歳を過ぎて人間的にも円熟し、思考力にも富んできたときだけに、発明家への道を自ら開拓しようと考えるのは極めて当然かも知れない。命を懸けた人間の決断であり、勇気であったように思われる。それは改名した「臥雲辰致」の苦難に満ちた人生の再出発であった。

## 再燃した発明の背景

時代の激動とはいいながら、もと来た道へ戻って紡績機械の開発を考案する日々が続くようになった。臥雲辰致の独創的な発明の方向は、在来の手紡ぎ技術の延長線上にあったから、多くの支持者を得て発明後に普及したように思われる。話は少しそれるが、この時代の信州の産業革命ともいわれる製糸業（綿糸紡績とは直接関係はないが）では、明治五年には、すでに上諏訪深山田地蔵寺下に小野組・小野善助と土橋一族が協力してイタリア式製糸器械（東京築地製糸場の系統の技術・スイス人ミュラーによる）が導入されていた。このころ上高井郡雁田（小布施の葛飾北斎・天井画で有名な寺・岩松院の水を使用したといわれる）、伊那宮田、松本浅間（温泉熱を利用したといわれる）、信州中野などに波及していった。

次にフランス式製糸器械（群馬県富岡の系統の技術）が少し遅れて松代西条製糸場へ導入された。このフランス式のルーツは明治四年に群馬県富岡に官営製糸場が伊藤博文、渋沢栄一、杉浦譲などの努力によって開始される。その背景には慶応三年のパリ万国博覧会に渋沢栄一や杉浦譲が幕府代表徳川昭武とともに洋行し、フランスのリヨンの町の製糸工場を視察したことが関係しているように思われる。また片倉兼太郎による座繰式が明治六年ころから開始された。これは蚕の繭（一個の糸の長さは一千五百メートルも連続いている）から糸を数本合わせてとる技術であり、臥雲辰致の綿（繊維そのものが短いもの）から糸を紡ぎ出す技術とは本質的に違うのである。このように糸を紡ぐ紡績業と繭から糸を繰る製糸業との相違を理解して頂きたい。そのことは「第Ⅱ章　ガラ紡機の特徴」において詳しく触れたので、ここでは省略する。

前述した製糸業とは別に紡績業はどのような発展段階にあったか見ておきたい。幕末に薩摩藩主・島津斎彬が安政年間に綿糸紡績機械や綿織機を設備して開始したといわれるが、西洋式紡績機械は島津斎彬の死後八年を経過した慶応三年（一八六七年）にイギリス製が導入され鹿児島紡績所としてスタートした。マンチェスターのプラット会社製作の開棉機・打棉機各一台、梳棉機・粗紡機各十台、斜錘精紡機三台およびスロットル紡績機（竪錘精紡機）を据え付けて、イギリス人数人を雇って布を織ったのが西洋式の最初と考えてよい。

その後、鹿児島紡績所の分工場を泉州堺（堺の島津藩邸の土地）に創設した。これは堺紡績所といわれるもので、イギリス製ミュール二千錘の紡績機械を注文し、明治二年から工場を建設、機械を据え付けて明治三年の前半に試運転を終わり、後半から綿糸紡績が開始された。この堺紡績所はのちに政府に買い上げられた。その理由は廃藩置県のためとか、島津の経営が不成績であったとか、政府が官営模範工場を必要としたとか様々にいわれるが、それらの諸条件が重なって明治新政府の西洋式模範工場・堺紡績所として明治十一年（一八七八年）まで継続された。のちに民間に移され、泉州紡績などに変化していった。

また民間経営の日本最初の西洋式紡績所は、東京伝馬町の木綿問屋の鹿島万平が元治元年にイギリス製の紡績機械を横浜のアメリカ商人経営ウォルシ・ホール商会を通じて注文した。四年後の明治元年に到着したが、明治維新の最中であり、明治三年になって東京府豊島郡王子滝野川村（旧陸軍反射炉跡の一部）に工場を設立、明治五年に竣工した。この鹿島紡績所は民間資本による経営であった。これらの先駆的な西洋式紡績工場、鹿児島・堺・鹿島の三つの紡績所のほかは在来の家内工業的なものであった。

## 独自の道を開拓

当時、製糸業では政府指導型で積極的に推進されたことは、生糸の輸出によって外貨を獲得しようとしたからであろう。これに対して綿糸紡績の分野では西洋式の機械設備の導入が遥かに遅れていたのである。それを要約すれば、製糸業は日本産の原料の繭を生糸に加工する輸出品であった。これとは逆に、紡績業は良質の綿製品が輸入されていたが、一般的には家内工業的に生産されてきた従来からの国産の綿糸・綿布によって国内需要を満たす状態であった。したがって西洋式紡績機械を導入拡大する発展段階になかったのであろう。

イギリスをはじめとする紡績業が世界的に拡張され、日本の綿製品が海外市場へ輸出されるような条件はなかった。前述した生糸・製糸業の器械化・機械化の場合よりも、紡績業のそれは約十年ほど遅れたのであった。のちに明治十四年の愛知紡績所（愛知県額田郡大平村）と明治十五年の広島紡績所の模範工場にイギリス製の二千錘の紡績機械をそれぞれ一台ずつ設置して開設された。

また別に十台の二千錘紡績機械を政府はイギリスから購入して、無利息十年間の年賦で明治十三年から十七年までに民間の希望者に払い下げた。それは玉島紡績所（岡山県　難波二郎三郎）、下村紡績所（岡山県　渾大坊埃三郎）、三重紡績所（三重県　伊藤伝七）、佐賀物産会社（佐賀県　同会社）、市川紡績所（山梨県　栗原信七）、豊井紡績所（大阪府　前川迪徳）、長崎紡績所（長崎県　山口孫四郎）、島田紡績所（静岡県　鈴木久一郎）、遠州紡績所（静岡県　同会社）、下野紡績所（栃木県　野沢泰次郎）の十カ所の十台であり、一般にこれを十基紡と呼んでいる。

このほか政府が紡績機械の代金を立替払いした桑原紡績所（大阪三島郡石河村）二千錘・明治十五年、宮城紡績所（宮城県宮城郡七北田村）二千錘・明治十六年、名古屋紡績所（名古屋市正木町）四千錘・明治十八年の三つが設立された。このように明治二十年までに政府の保護のもとに、外国からの導入技術によって次第に大きな紡績工場が開業されていったが、これらとは全く関係のない独自の道を臥雲辰致は開拓していった。

日本独特の技術開発を推進したところに臥雲辰致の発明の真価がある。しかも、それは在来の手紡ぎ技術の省力化・自動化を考案して発明された紡績機械であり、優れて合理的な自動制御の発明であるだけに、十九世紀における驚異的な発明であった。今日においてもその自動制御は生き続けている。この自動制御については「第Ⅱ章　ガラ紡機の特徴」の「1　優れた発明」の項において詳述した。当時、この画期的な紡績機械は簡便で価額も安く、明治十年頃には四十錘が五十円程度であった。前述した紡績技術の発展段階によくマッチしていたから、この発明品が全国的に普及したのであろう。

## 松本の連綿社で製造

このような時代を背景にして紡機の発明の道を辿るのであるが、話を少し戻すことにする。臥雲辰致三十二歳の明治六年に、以前に手掛けたことのある紡機に改良を加えて、新しい器械を考案することができた。これは、のちの明治十年の第一回内国勧業博覧会に出品する機種の先駆的なものであるように思われるが、正確な記録はない。これは手紡ぎの方法を器械化・機械化し、自動的に代行させるメカニズムを工夫して太糸・粗糸を紡ぎ出すことに成功したものであろう。従来の手紡ぎ法の手紡車によるものよりも遥かに人手を省き簡便であった。そして明治八年に専売の権利を獲得すべく請願したが、当時はまだ特許制度がない時代であり、公売を許されたが、模倣品が作られて発明者の権利と利益とに浴することはなかった。

臥雲辰致はその年、東筑摩郡波多村（現、長野県東筑摩郡波田町）へ居を移した。波多は今日では波田と書くようになったが、争いが多く波多いのはよくないとして、のちの昭和八年（一九三三年）に波田と改名したといわれている。波多に移ってから川澄東左（当時の古文書には、藤左ではなく、東左と記録されている。古文書との整合性を考慮して本書では東左とした）の世話になった。豪農で大地主の川澄家が田畑や山林の測量を臥雲辰致に依頼したのが最初の関係といわれている。臥雲辰致自身がどのような測量技術を身につけていたか不明である。発明のための資金もなく川澄家の邸隅に居住していたが、見込まれたのか、のちに明治十一年、長女・川澄たけと結婚した。ちなみに明治五年ころ烏川村時代には松沢くま（南安曇郡北大妻村・現、梓川村）と結婚したが、明治九年に離縁しているようである。松沢くまは発明家の内助の功に疲れたのであろうか。

臥雲辰致の発明を物心両面から支えた中心的人物は川澄東左に違いないと思っていた。筆者がかつて、十五年以上前の昭和五十一年（一九七六年）に岡崎市郷土館の所蔵史料を調査したことがある。そのとき「川澄東左」という封書を見たことがあった。それ以来、それが脳裏に深く刻まれているので、藤左、藤太、東左衛門などと書かれたものに疑問をもっていた。松本市役所の臥雲辰致の戸籍記録には川澄藤太とあり、榊原金之助著『ガラ紡績業の始祖　臥雲辰致翁傳記』には川澄東左エ門と書かれ、村瀬正章著『臥雲辰致』には川澄藤左と記されている。

そこで最近、川澄家の菩提寺に当たる波田町の安養寺の住職・小松照道氏に調査依頼の手紙を書いた。その後、お寺の資料や住職のご厚意によって川澄家（長野県東筑摩郡波田町上波田四六一六、川澄高教氏宅）の史料を拝見、確認することができた。保存されている写真の裏書「明治四拾壹年五月撮影　川澄東左　七拾九歳」（本人の自筆と思われる）や古文書にも「東左」、位牌にも「眞川徳院釈智馨碩翁眞清大居士　大正二年七月初一日　東左　年八十四」とある。墓碑には「藤左」とあったが、「東左」の父親が「藤左衛門」であることも確認できた。また波田町役場の戸籍記録について、前記の川澄高教氏にお願いして確認して頂いた。その結果、そ

図3.6 川澄東左の写真
（川澄高教氏所蔵）

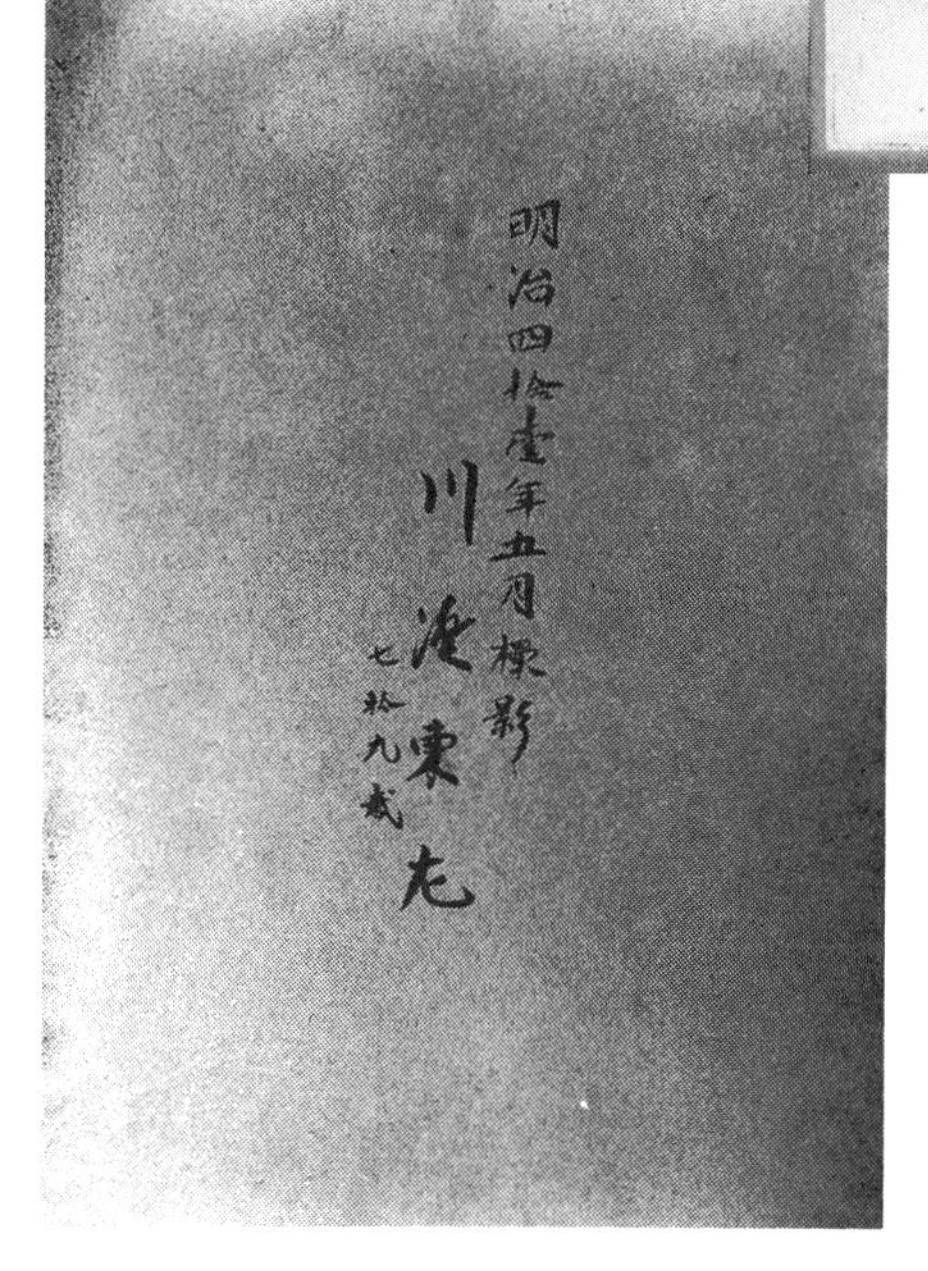


図3.7 写真の裏書き

ここには「藤左」と記録されている。しかし、「此戸籍ハ明治四拾弐年四月参日火災ニ罹リ滅失ニ付明治四拾弐年拾月弐拾八日戸籍副本及ヒ届出ニ因リ再製ス　戸籍吏　武居正彦」と記載されていた。ちなみに、ここに記録されている武居正彦は臥雲辰致に協力し、特許証の中に名前を残している人物であるが、筆者にとっては誠に偶然的な出会いであった。いずれにしても、松本市役所の「藤太」など信頼性に乏しいので、本書では多くの古文書にその名前を残している「川澄東左」を重視した。

川澄東左やその知人の経済的援助により、臥雲辰致は明治九年三月になって器械の製造に成功した。細糸の製造に適するものを開発したといわれる。この時期に、筒の回転をオンオフ（ON・OFF）する自動制御によって糸の太さを自動的に調整することに到達したのであろう。当時、政府の内務卿・大久保利通は殖産興業に力を入れ、全国的に産業奨励を行なったときであった。長野県吏の河合、杉浦両氏はわざわざ出張してきた。この発明品を運転させて詳細に調べた結果、従来の手紡車にない優れたものであることが分かったので大いに称賛した。そしてこれを松本の開産社に陳列することを勧めた。

開産社は松本の北深志町二二八番地にあった。明治六年に筑摩県令永山盛輝が企画し、筑摩郡・安曇郡・諏訪郡・伊那郡・飛騨大野郡に指示して、明治七年に設立されたものである。その開産社の大綱によれば、「第一　業を勧め産を開くこと、第二　義務を尽くすの処にして私利

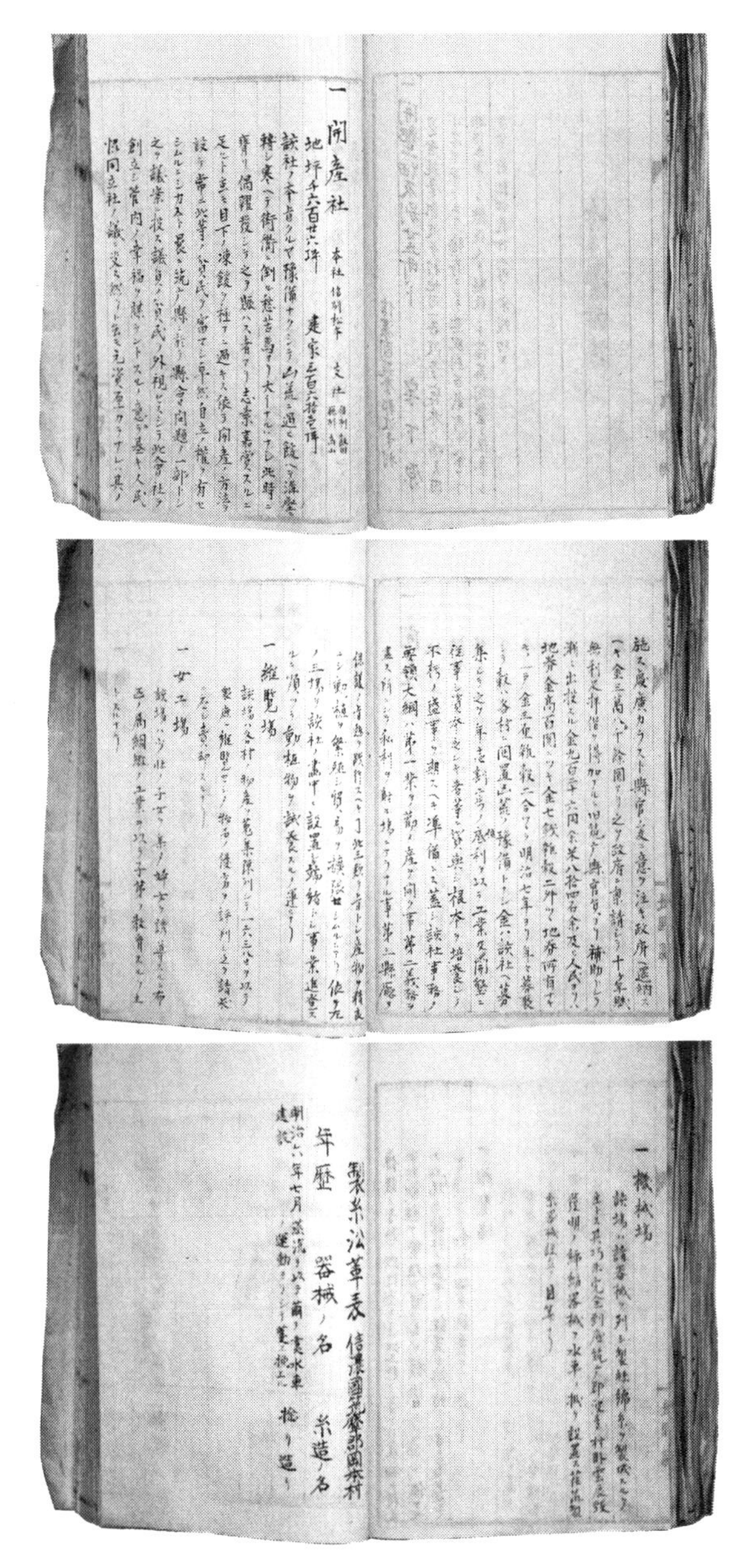

一 開産社

地坪千六百廿六坪　建家三百六拾壱坪

一 縦覧場

一 女工場

一 機械場

製糸沿革表

年歴　器械ノ名　糸造ノ名

図 3.8 開産社関係史料（長野県教育委員会文化課所蔵）

を射るの場にあらざること、第三　県庁保護の旨趣を実践すべきこと」と記されている。その目的を要約してみると「会社の名前は開産社といい、県下の産物をよくしたり、動植物を繁殖させ、貿易を拡張し、人々のために厚生のことを考え、その事業を行なって人心を盛んにする」ということである。

臥雲辰致は勧めに応じて、明治九年五月から協力者三、四名とともに発明した器械の製造を計画した。開産社内の一部を借りて、ここに住み込み、連綿社という会社を設立して綿糸紡績器械の製造を開始した。以前には発明品を勝手に模倣され、自分の利益を得ることに繋がらなかったので、改良した重要部分の機構は秘密にするようにした。このことに関連して波多村の大工・百瀬与市や製作一手引受人・吉野義重から提出された「約條証書」がこれを証明しているように思われる。明治十年一月に北深志町に工場を設立した。

今まで一本ずつしか紡ぐことができなかった手紡ぎ法に比較すれば、数十本を自動的に紡ぐ綿糸紡績器械の発明は隔世の感がある。女鳥羽川の水流を利用した水車動力で運転するように工夫したのであった。そして明治十年六月にさらに改良を加えていった。前年から計画されていた第一回内国勧業博覧会が八月から予定通り東京上野において開催された。松本の開産社内の連綿社で臥雲辰致が完成した綿糸紡績器械がいよいよ出品されていくのである。たまたま、この年の二月から突発的に起こった西南戦争は九州熊本を中心とする日本最大の内乱となった。前述した鹿児島紡績所はこの戦乱の影響を受けたが、明治三十年まで継続されたのであった。

## 3　内国勧業博覧会に出品して

### 第一回内国勧業博覧会

明治十年八月二十一日から十一月三十日までの会期で第一回内国勧業博覧会が東京上野で行なわれた。これは明治六年のウィーン万国博覧会を参考にして準備したのであろう。ウィーン万国博覧会には佐野常民が副総裁（総裁は大隈重信であった）として参加した経験があったが、西南戦争の最中であり、博愛社（日本赤十字社の前身）の創設に向けて大給恒とともに佐野常民は多忙であった。これも歴史の偶然であったように思われる。後に触れる明治十四年の第二回内国勧業博覧会には佐野常民は審査総長をつとめていることも極めて当然のことであったと考えている。

さて、この第一回内国勧業博覧会は日本最初の試みであった。開会式の当日、明治天皇陛下は大礼服に勲章をつけられ、皇后陛下は紅梅色の薄衣に緋（赤い色の絹）の半袴を召されて会場に行幸・行啓された。博覧会総裁の内務卿・大久保利通が奏上文を朗読しているのであるが、

明治十年九月九日

條約書

連綿社

條約書

第壹條

発明ノ事物ハ素ヨリ有形ノ物ヲ製造スルモノナレハ初ヨリ確然不動ノ目撃見据難シ然リ而シテ今ニ於テ同心協力シ共ニ永遠ノ幸福ヲ謀リ且以テ國益ノ一端ヲ為サント欲ス即チ真ニ有志ノ集會ト謂フヘシ然レハ以往會社ノ成敗ハ勿論一己一人上ニ付如何ノ事変有之モ其私意ヲ以テ會社ニ関係スルコトナク規則ヲ守リ臨時ノ事件ハ萬緒衆議討論ヲ遂迂遠ノ挙動ヲ為サス且節倹ヲ守リ都テ實着ヲ踏ニ協力和睦ヲ旨トシ始終変異スルコトナク相共ニ盛大隆興ヲ期スヘキコト

第二條

太糸機械五個迅速整頓スベク然ル上ハ発明人并社員ノ中一名ヲ撰挙シ百般ノ事務ヲ整理シ會計ヲ始メ細微[illegible]記シ集會ノ時々必ス衆社員ニ熟覧セシムヘキ事

但諸入費ハ都テ判取帳及ヒ出納帳等ヘ詳細記載シ計算判然スルヲ要スヘキコト

第三條

太糸器械五個整頓ノ上ハ毎月末ニ計算シ其有益ハ発明人并社員三名共合四名ヘ平等ニ割賦スヘシ尤臥雲氏ハ発明ノ偉功コレアルニ付機械ノ運動今日ノ勢ヒニ至ル迄ハ其経費ノ全莫大ナリ然レトモ都テ之ヲ社員三名ニテ取賄ヒ此辛苦功労ニ又不少且今般東京内國勧業博覧會ヘ細糸機械出品ニ付テハ其器械製造ノ費額ハ勿論臥雲氏ヨリ機械運轉ノ人丈ヲ博覧會閉場迄東京中ノ雑費往返ノ旅費ニ至ル迄一式社員三名ニテ出額ヲ要スルヲ以テ向後一己ノ有益物ト御座候コレアリ専売[illegible]等ノ允可ヲ受クルモ萬般有益ノ部分ハ発明人社員ノ別チナク[illegible]四名ヘ割賦シ申ス可キ事

第四條

漸以盛大ニ随ヒ機械ノ員数増加スル勿論ナリ然レトモ増加器械ノ経費出金致サヽル名面ハ発明人ト雖モ其ナリ益ヲ相受ル権利無之事

図3.9 連綿社条約書

第五條

太多機械五個製造ノ上ハ一時之ヲ以テ業ヲ揚ケ有益ヲ試ムヘシ而シテ發明人社員共々謀リ分ケテ受持ヲ定メ長寸ノ月給ヲ以テ職務勉励スヘシ尤此費額モ有益金ノ内ヨリ操出スル勿論ナリ

但太多機械五個製造ノ上ヨリ追々相當費額製造可致コト

第六條

多社営業修行有之節ハ製造所建築及水車小輪機等ノ費額ニ至ル迄悉皆修務人ニ於テコレヲ持チ本社ニ於テハ機械ノ定價半額ヲ出シ残半額ハ多社ニ於テ出銀申シ而テ有益ノ總括ヲ半々ニ割リ本多社甲乙ナク可受取事ノ

但機械ノ定價一個ニ付綿太器概略金五拾五円ノ事

附多社営業修行有之節ハ[illegible]ヲ為シ多社[illegible]多社ニ於テ自作ノ取ケ[illegible]規則ヲ編シ之ニ捺印為致本社ニ預リ置可申事

第七條

臨時旅行ノ事務アル時ハ衆議ヲ以テ其人ヲ撰挙シ相当ノ日当ヲ相渡スヘキ事

第八條

社員若シ機械ノ成敗ヲ見テ中途ニ脱社スル者ハ是迄多少出金シタル金額返取ヘキ権理之ナキ事

第九條

社員若シ不都合ノ義有之時ハ其人ヲ脱社シ其件ノ軽重ニヨリ以後有益ノ割賦不與ハ勿論出金シタル器械上ノ損入費受取ヘキ権理無之且軽重ノ度ハ社員衆議ニ正理ヲ定シ相当ノ處置ヲナスヘキ事

右之條々ニ依リ機材ヲ尽シ決定候義畢竟日本ニ宣行ノ学ヲ勤致同数若不都ノ事件有之節ハ第九條ノ例ヲ照準シ取中フトモ稱ヘ今中同数候為後鑑連署ニテ銘々之レヲ所持スル者也

右第[illegible]大区七小区[illegible]島川村
[illegible]

同年九月九日

臥雲辰致

第[illegible]大区[illegible]小区[illegible]郡[illegible]村
武居美佐尾

同区同郡同村
波多腰六左

第十九大区四小区[illegible]村
青木橋次郎

筆者が愛用している前述の『国史研究年表』には、内国勧業博覧会のことは一行も書かれていない。その点から推察しても、西南戦争が如何に大事件であったかが窺われる。しかし、この第一回内国勧業博覧会こそは日本近代化への出発点をつくったものと思われる。

このとき、松本の連綿社で製作された臥雲辰致の発明品、木綿紡績機械が出品された。資金的にも困っていたから、協力者の武居美佐雄（筑摩郡波多村・現、波田町）、波多腰六左（筑摩郡波多村）、青木橘次郎（安曇郡倭村・現、梓川村）の三名が尽力した。ちなみに同村の協力者の武居美佐雄は波多村戸長をつとめ、波多腰六左は波多堰（現、波田堰・明治四年着工明治十五年完成）の開拓者として名前を残している人物であり、ともに有力者であった。そのことは「連綿社条約書」（九箇条、明治十年九月九日付）の四名（臥雲辰致と前記の三名の協力者）の連署の文書に記されている。

ここでは、その一部の第三条を参考に記せば、「第三条　太糸機械五個整頓ノ上ハ毎月末ニ計算シ其有益ハ発明人並社員三名都合四名ヘ平等ニ割賦スヘシ尤モ臥雲氏ハ発明ノ違巧コレアレトモ機械ノ運動今日ノ勢ヒニ至ル迄ハ其経費金莫大ナリ然レトモ都テ之ヲ社員三名ニテ取賄ヒ此辛苦功労モ不少且今般東京内国勧業博覧会ヘ細糸機械出品ニ付テハ其器製造ノ費ハ勿論臥雲氏並機械運転ノ人夫等博覧会会期限迄在京中ノ雑費往返ノ旅費ニ至ル迄一式社員三名ニテ出額ヲ要スルヲ以テ向後一己ノ有益物ト御詮議コレアリ専売特別等ノ允許ヲ受クルトモ万般有益ノ部分ハ発明人社員ノ別ナク悉皆四名ヘ割賦シ甲乙無之事」とある。

これを要約すれば、太糸機械五台を連綿社に設置し稼働させてその収益は四名で平等に分配する。臥雲辰致は発明者であるが、これまでに莫大な経費を三名が負担してきた。また今回東京の内国勧業博覧会へ細糸機械を出品する場合も臥雲辰致と機械を運転する人夫などの東京滞在中の雑費や旅費まで一切三名が出費するので、専売特別の許可があり利益が生じた場合には発明者と社員三名とを区別することなく公平に分配することをお互いに契約しているのである。

## 出品された綿紡機械

前述したように、第一回内国勧業博覧会には細糸機械の木綿紡績機械一台が出品された。会期前に、東京上野寛永寺の大慈院の台所を借り、機械の組立と調整を行なった。いよいよ公開展示された臥雲機・ガラ紡機は会場において運転・実演された。「自費出品願」には綿紡機械（英文ではCotton spinning machineと英文目録に記載されている。このことは本書の「第I章　臥雲辰致の名前と記念碑」の中で詳述した）と記されていた。

さて、この機械の概要について触れておきたい。村瀬正章著『臥雲辰致』では口絵の部分で「初期のガラ紡機（第一回内国勧業博覧会出品のもの）」として、大阪の綿業倶楽部所蔵のもの

自費出品願

南第四大区三小区

筑摩郡波多村農

臥雲辰致

器械館二

| 物名 | 概数 | 概尺寸 | 製 | 産地 | 凡品価 |
|---|---|---|---|---|---|
| 綿紡機械 | 壱個 | 高一尺六寸 長六尺八寸 横二尺二寸 | 木 | 信濃国筑摩郡波多村 | 金拾五円 |

凡品価総計金拾五円

右者明治十年内国勧業博覧会東京上野公園ニ於テ御開設ニ付出品相願候也

明治九年十一月廿日

右

願人 臥雲辰致

長野県権令楢崎寛直殿

図3.10 第一回内国勧業博覧会　自費出品願

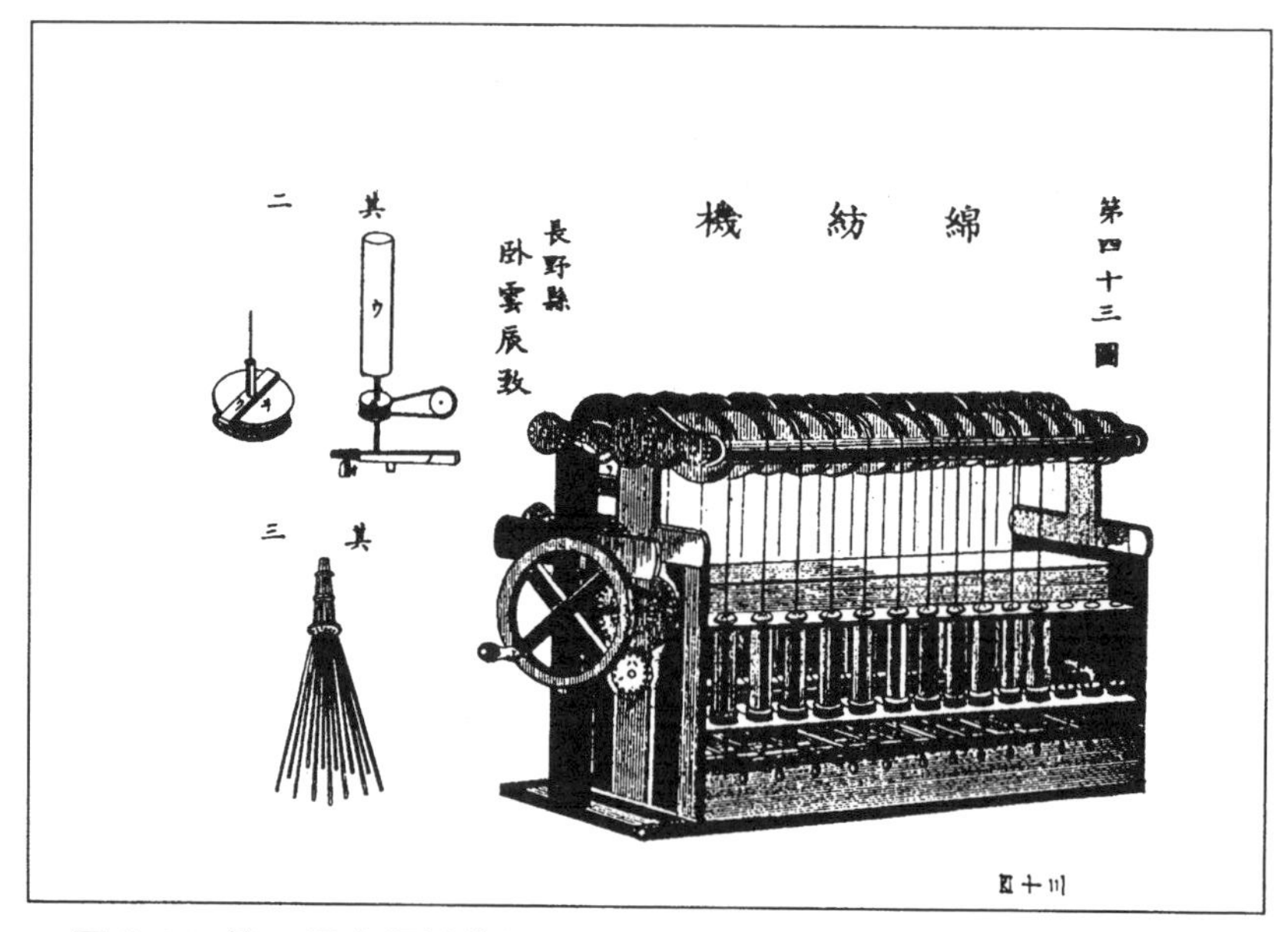


図3.11 第一回内国勧業博覧会　出品解説図（国立公文書館所蔵）

図3.12復元された臥雲辰致のガラ紡機

安城市歴史博物館（愛知県安城市安城町城堀30番地）では平成6年3月に臥雲辰致の綿紡機（明治十年内国博覧会出品のものとほぼ同一）を復元し、所蔵している。これは『明治十年内国勧業博覧会出品解説』の記録をもとに、博物館明治村と日本綿業倶楽部所蔵の手動式ガラ紡機を参考にして、愛知県立豊橋工業高等学校の石田正治教諭が復元設計したものである。

と思われるものを掲載しているが、これは間違いである。このことは本書の「第Ⅱ章　ガラ紡機の特徴」の「3　保存されているガラ紡機」の中で書いてきた。したがって出品されたガラ紡機の現物は見当たらないので、『明治十年内国勧業博覧会出品解説』（国立公文書館所蔵・内閣文庫）から、その概略を私流に要約しておきたい。

そこには略図が示されている。片側二十個（錘数）、両側合計四十錘のブリキ製の筒（直径一寸五分、長さ七寸）に原料の綿を詰めて、ハンドルを手動で回転するようになっている。しかも、その下部には天秤機構（今日的意義が極めて大きい優れた自動制御機構）がそれぞれ取り付けられ、紡ぐ糸の太さを自動的に調整する仕掛けである。上部の糸を巻き上げる部分は、松材を輪切りにして糸巻きにし、手動力に連動して回転するようになっている。この優れた機械の発明品は会場において実演されたから、参観者の驚きは想像を超えるものがあったと思われる。最近、筆者が見つけた史料によれば、会期中に二十二台、合計金額一千八十円の注文（約定済）が殺到したのである。既刊書籍には十数台とか、数十台とか書いているが、いずれも間違いであろう。

## 鳳紋褒賞を受賞

この第一回内国勧業博覧会には出品総数二百十一点のうち、紡織部門の出品数は六十三点で

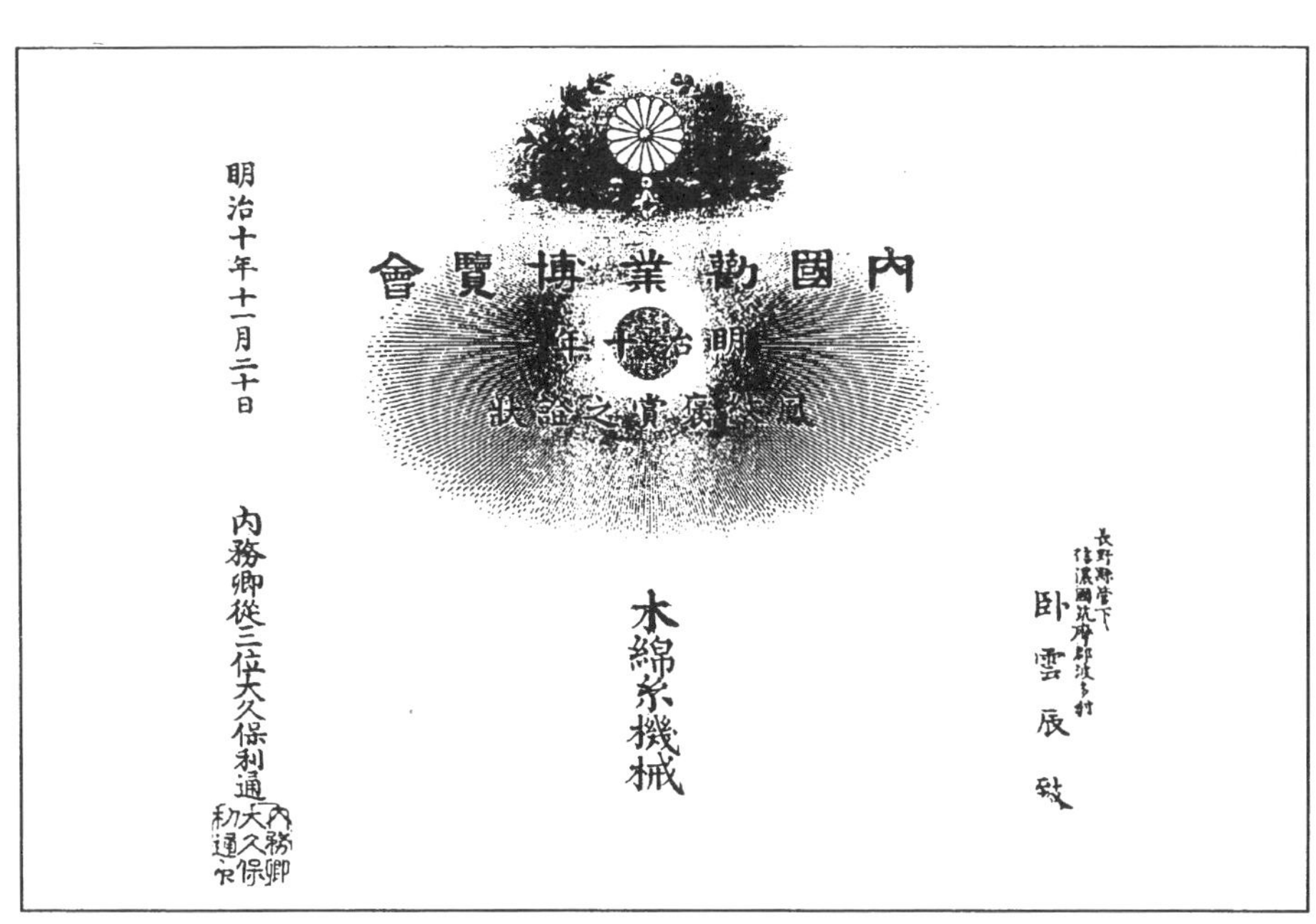

内國勸業博覧會

明治十年

鳳紋褒賞之證状

長野縣管下
信濃國筑摩郡波多村
臥雲辰致

木綿糸機械

明治十年十一月二十日

内務卿従三位大久保利通

図 3.13 鳳紋褒賞之證状（臥雲毅安氏所蔵）

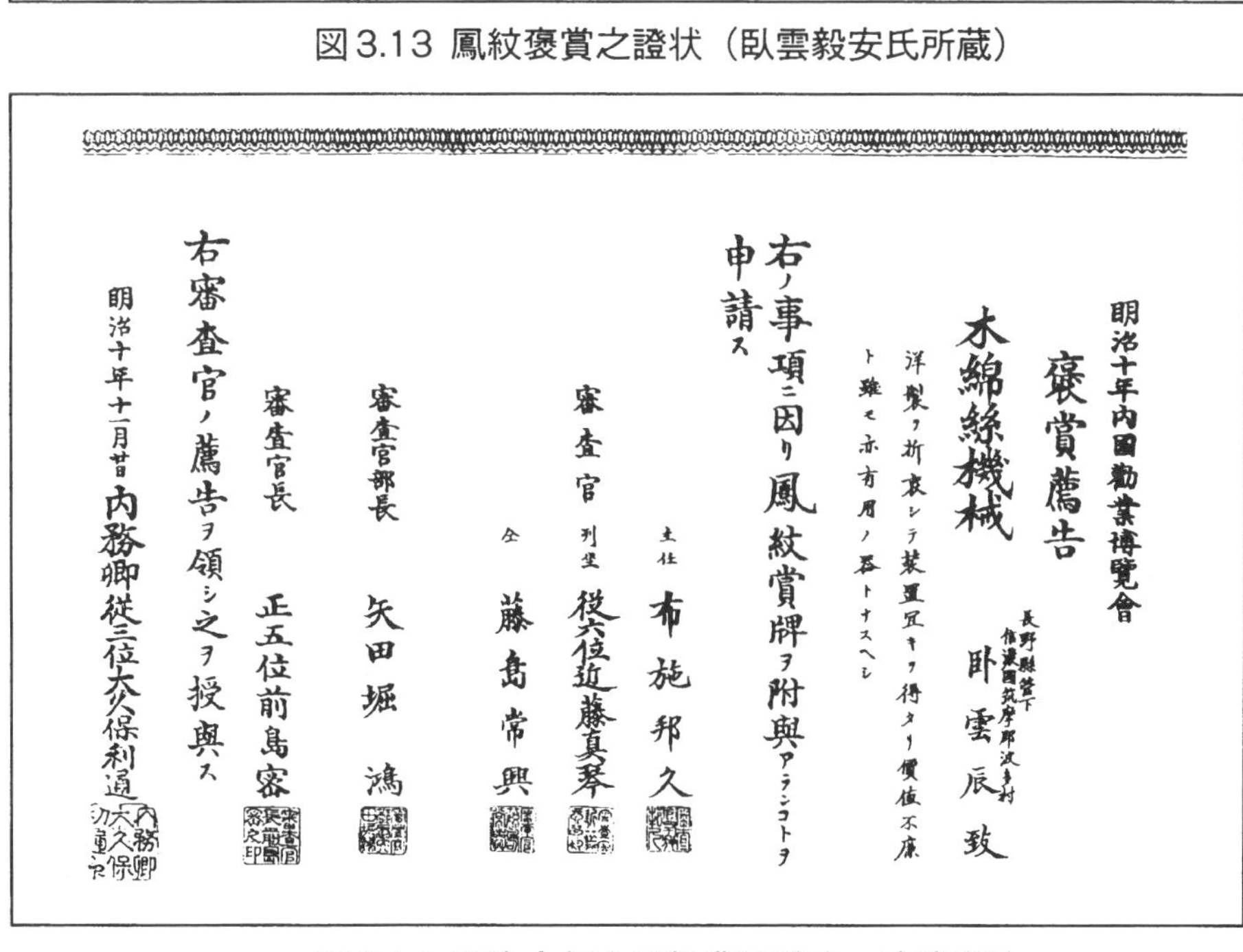

明治十年内國勸業博覧會

褒賞薦告

木綿絲機械

長野縣管下
信濃國筑摩郡波多村
臥雲辰致

洋製ヲ折衷シテ装置冝キヲ得タリ價値不廉ト雖モ亦有用ノ器トナスヘシ

審査官
主任 布施邦久
列坐 従六位近藤真琴
仝 藤島常興

右ノ事項ニ因リ鳳紋賞牌ヲ附與アランコトヲ申請ス

審査官部長 矢田堀鴻

審査官長 正五位前島密

右審査官ノ薦告ヲ領シ之ヲ授與ス

明治十年十一月廿日 内務卿従三位大久保利通

図 3.14 明治十年内国勸業博覧會　褒賞薦告

あり、計算すれば二九・九％を占めていた。そのうち紡機関係（織機を別にすれば）では長野県の龍口重内と斎藤曾右衛門・倉島兵蔵（共同出品）と臥雲辰致とのほかに泉州堺の外ノ岡久馬の合計四台だけであり、紡織部門では僅かに六・三％（全体では一・九％）であった。当時、先駆的な技術開発であったことがこの数字からも窺われる。その中で臥雲辰致は最優秀賞に当たる鳳紋褒賞の受賞に輝いたのであった。日本近代化のためのお雇い外国人・顧問のワグネルをはじめ『明治十年内国勧業博覧会報告書』（五十四ページ）によれば、「臥雲ノ機ハ余以テ本会中第一の好発明トナス」と激賞した。このことはヨーロッパ方式の先進技術を凌ぐものがあり、ユニークな発明であったからに違いない。

そのことに関連して、「鳳紋褒賞之證状」の「褒賞薦告……（中略）……審査官長　正五位前島密　右審査官ノ薦告ヲ領シ之ヲ授與ス　明治十年十一月二十日　内務卿従三位大久保利通」の中に記されている。すなわち「木綿絲機械　長野県管下　信濃国筑摩郡波多村　臥雲辰致」とあり、「洋製ヲ折衷シテ装置宜キヲ得タリ價値不廉ト雖モ亦有用ノ器トナスヘシ」の文章の「洋製ノ折衷」が気に掛かる。このことは歯車機構を指しているようであるが、さすがにワグネルの眼力はその本質の「紡ぐ技術」の優れている点を見抜いて、『報告書』には記載されているように思われる。しかし日本の関係者はガラ紡機の「糸を紡ぐ新方式」の本質的なメカニズムよりも、歯車機構の問題点に目が向けられて「洋製ノ折衷」という表現になったのではないかと推理している。

これに関連して、『明治十年内国勧業博覧会報告書』に記載されている文章内容は多少異なっている。参考までにここに追加することにした。「其装置ノ尤異トスベキハ綿ヲ綿筒ニ装シテ回轉セシメ絲巻ノ引用ニ由リテ自然ニ絲緒ヲ抽出スルニ在リ……洋式ノ工程ハ都テ数回綿條ヲ引伸シテ漸次ニ細縷トナラシムルモノニシテ直ニ繊絲トナスニアラザルナリ故ニ臥雲氏ノ機ハ以テ極細ノ絲ヲ製スルニ堪フベカラズト雖トモ其數回ノ工程ヲ省クノ功験ハ一時歐米人ノ機巧ト駢馳スト謂フモ亦殆ント過稱ニアラザルガ如シ之ヲ要スルニ歯輪ノ配置猶少シク冗贅ヲ免レザルモノアリト雖トモ其緊要ノ装構ハ極メテ簡単ナルモノト謂フベシ………」と記している。

ここでは、ガラ紡機と西洋式との違いをはっきりと述べている。西洋式では前工程（打綿、梳条、練条など）、粗紡工程を経て細糸にすることができる。しかし、臥雲氏の機械は極細糸を製造することはできないが、その数回の前工程を省くことができるのである。歯車の配置は冗贅であるが、その重要な機構は極めて簡単であるという意味のことを記している。いずれにしても、合理的で簡単な原理によって、糸を見事に紡ぐ方式は観覧者の目を驚かした。性能のよい割に、それほど高くない機械を購入すれば、能率を上げることができたから大いに全国へ普及したのであった。

## 明治十一年・天覧のこと

第一回内国勧業博覧会の翌年・明治十一年には明治天皇陛下の北陸東海兩道御巡幸があった。このときの様子は東京日々新聞社の記者の岸田吟香が「御巡幸の記」として八月三十一日から同紙に連載している。これを収録したものに『信濃御巡幸録』（昭和八年三月五日発行、信濃毎日新聞社）がある。それによれば、九月九日「………十時頃縣廳の傍に設立したる博物所を御通覧ありて製絲場へ臨御あり、………」と記されている。

また『御巡幸参拾年紀念號』（学友第三十七号、長野師範学校編）には「縣廳の東道を隔てゝ西方寺の西に接する迄の地域を有し、六間に四間の二階建を本棟とするもの之を勸業物品陳列場（勸業場博物場物品陳列所等種々の通稱あり）とす。縣下の物產、古書畫、古器物等を陳列し、建物の周囲には小作なる林檎、葡萄、其他種々の植物を植う。縣立にして第二課（勸業）之を管理經営せり。聖上には縣廳御出門有りて、直に勸業場に御著輦、陳列品を御通覧在らせ給へり。此處に陳列して叡覧を忝うしたるものは其數極めて多し。（本縣縣令奏上書類に之を載す）勸業場を御發輦ありて、勸業工場（製絲場とも呼ぶ）に御臨幸あらせらる。勸業工場は師範学校より道（今の旭町）を隔てゝ西に位し、東方に門を設く。聖上には器械製絲（工女二十五人）座繰製絲（工女十一人）眞綿掛（工女六人）紬引き（工女六人）機織（二人）秋蠶飼育（二人）綿紡器械運轉（五人）藍染（八人）紙漉麻製造（二人）外に木曾山の駒二頭（之は勸業

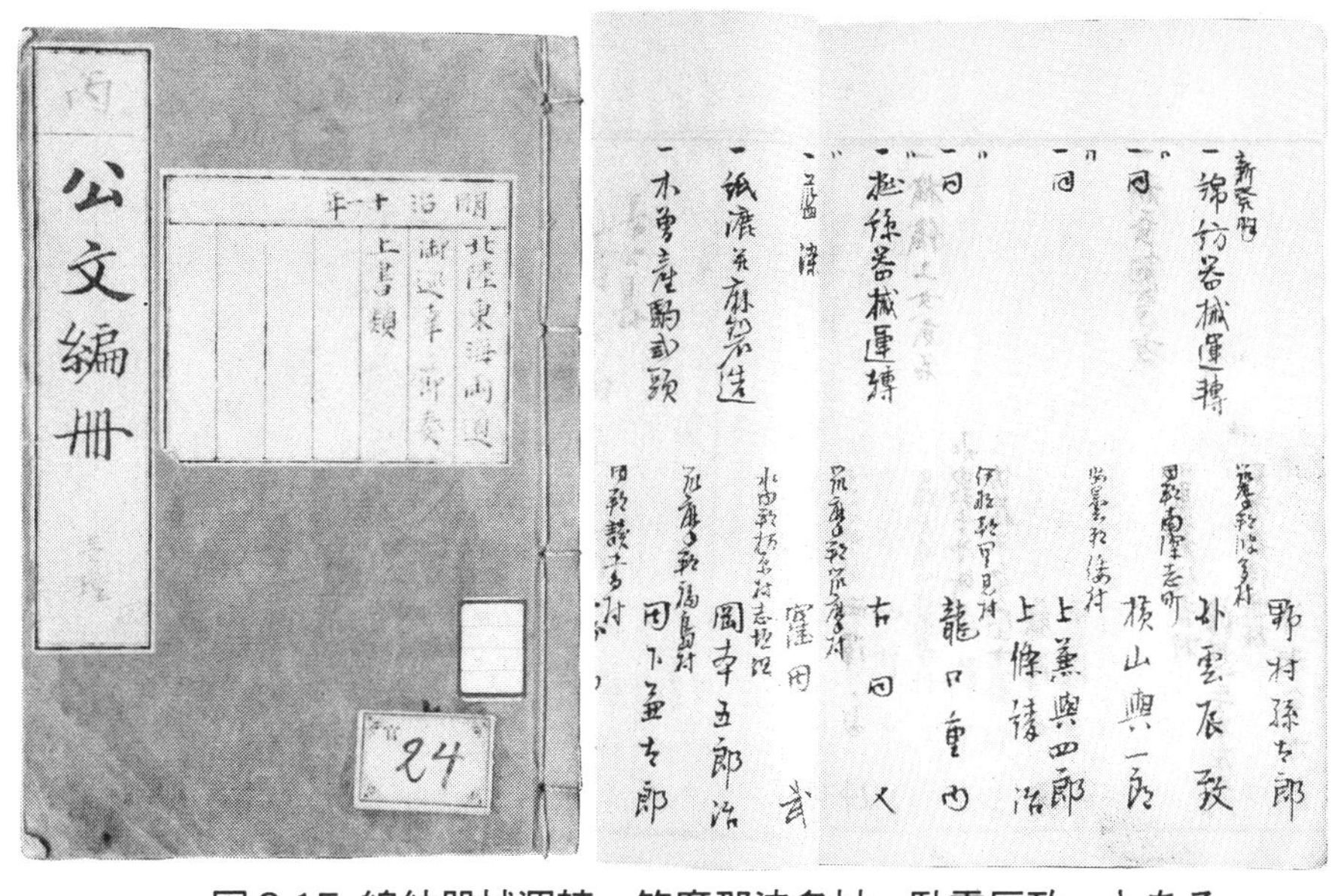


図 3.15 綿紡器械運轉　筑摩郡波多村　臥雲辰致　とある

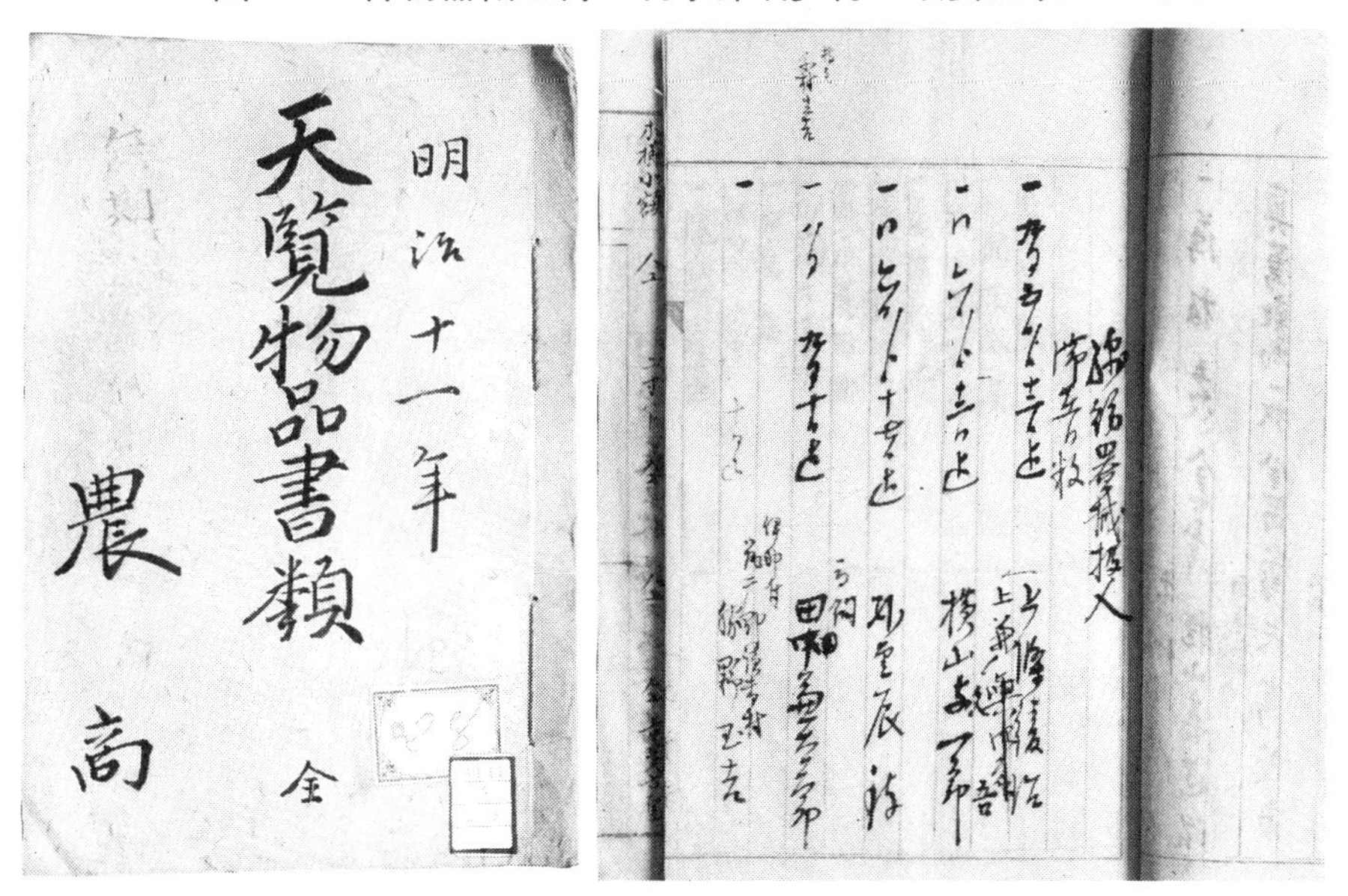


図 3.16 綿紡器械扱人　滞在日数

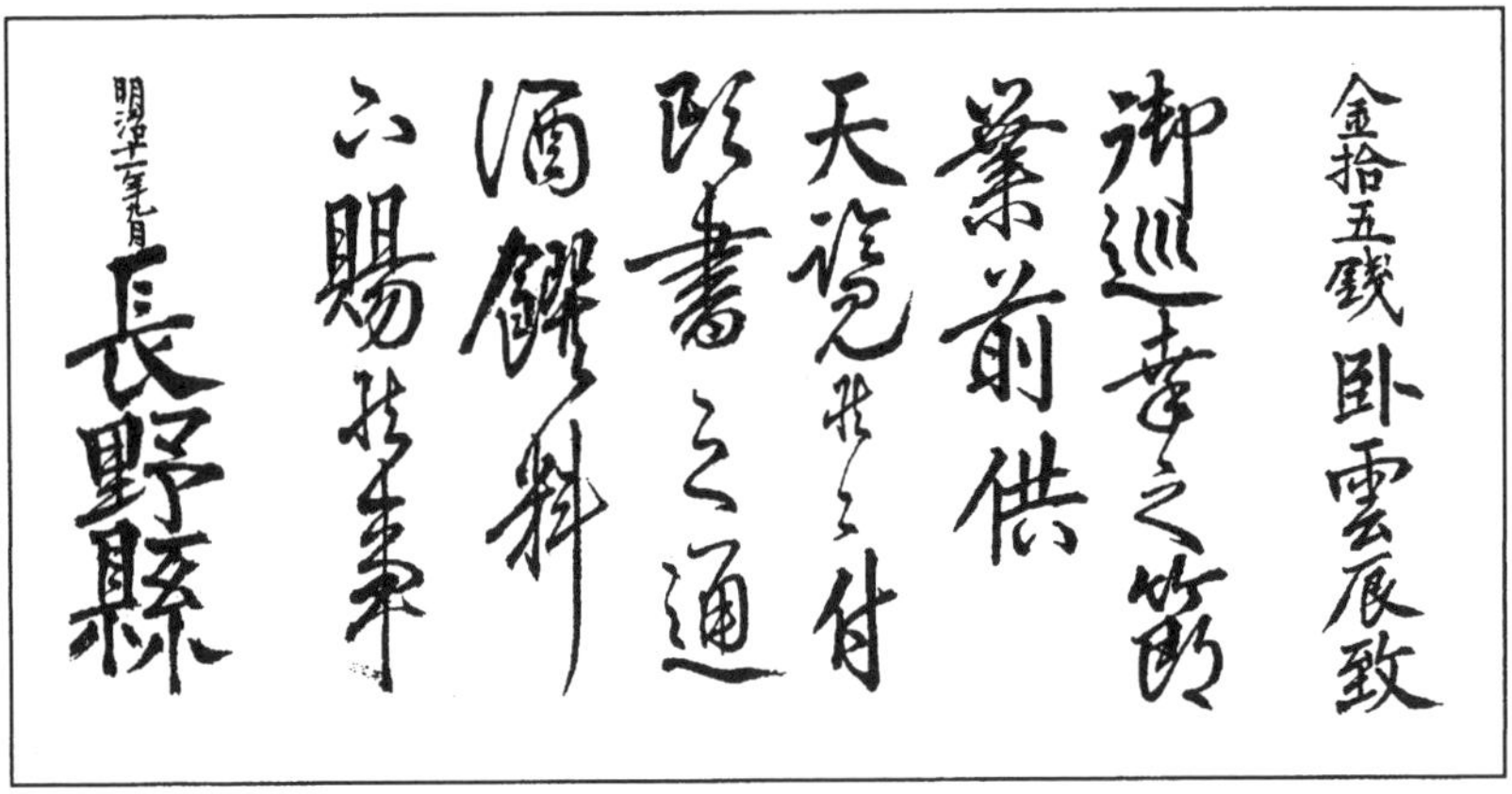

図3.17　長野県から臥雲辰致に贈られた酒饌料

場内に出すべき筈なりしが都合により此處に出せり）を御通覧の上師範学校臨御在らせらる。………」と記録されている。

ここに記された「綿紡器械運轉（五人）」について、長野県の保存文書『公文編冊　明治十一年　北陸東海両道御巡幸ノ節奏上書類』の中に「新発明　一　綿紡器械運轉　筑摩郡波多村　臥雲辰致　筑摩郡南深志町横山與一郎　安曇郡倭村　上兼與四郎　上條綾治　伊那郡里見村　龍口重内」と写真のように書かれていた。また『明治十一年　天覧物品書類　全　農商』の中には、写真のように「綿紡器械扱人　滞在日数」として五人の名前が書かれ、臥雲辰致は九月六日から十七日まで滞在したことが記録に残されている。これほど当時、長野県を代表する世界的な発明であつた。

そのとき「金拾五銭」の酒饌料を長野県は臥雲辰致に贈っているが、滞在費や日当などは別に支給されたものと考えている。ちなみに、当時の臥雲機・ガラ紡機の標準的なタイプは百錘（筒の数）であり、その機械の価額は七十五円であった。このころの郵便はがきは市外一錢、市内五厘（〇・五錢）であるから、これを参考に「はがきの単価五十円」で計算すれば、機械一台の値段は約七十五万円、酒饌料は15÷0.5×50＝1500円ということになるのであろうか。また、当時の標準米の値段は五十一銭（十キログラム当たり）といわれる。今日の標準米の値段を約五千円として計算すれば、5000×15÷51≒1471円となるから、大体一千五百円と考えてよいのであろう。

## 松本の連綿社の盛衰

ガラ紡機の評判は高く、注文は各地から殺到した。松本の連綿社では前年の明治十年五月一日付、山梨県上今諏訪村の金丸平甫との「機械假約定書」に沿って臥雲辰致が機械の据え付けに出張した。明治十一年五月には山梨県大井村の田中舊富、杉山孝左衛門、杉山庄作、増穂村の長澤清明、秋山彌右衛門、秋山喜太郎、志村六右衛門の合計七名の連名で「定約書」が「長野県筑摩郡波多村　臥雲辰致殿　松澤源重殿」宛に提出されている。これは機械の製作販売に関するものであり、百錘の機械一台七十五円のうち二十五円を給料として臥雲辰致へ渡すと書かれている。五十台以上になった場合は一台につき二十円とも書かれている。このような経過

機械假定約書
（明治十年五月一日付）
⇦図3.18

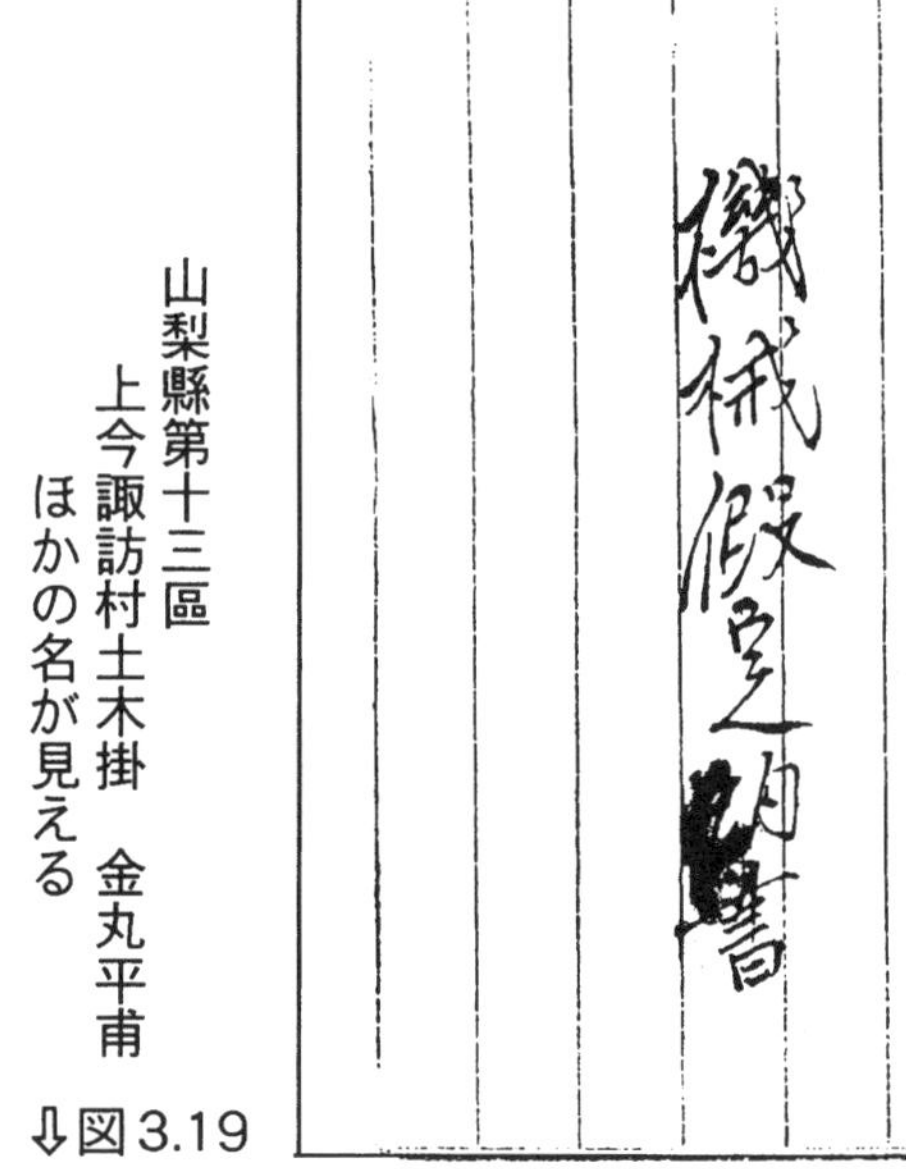
機械假定約書

山梨縣第十三區
上今諏訪村土木掛　金丸平甫
ほかの名が見える
⇩図3.19

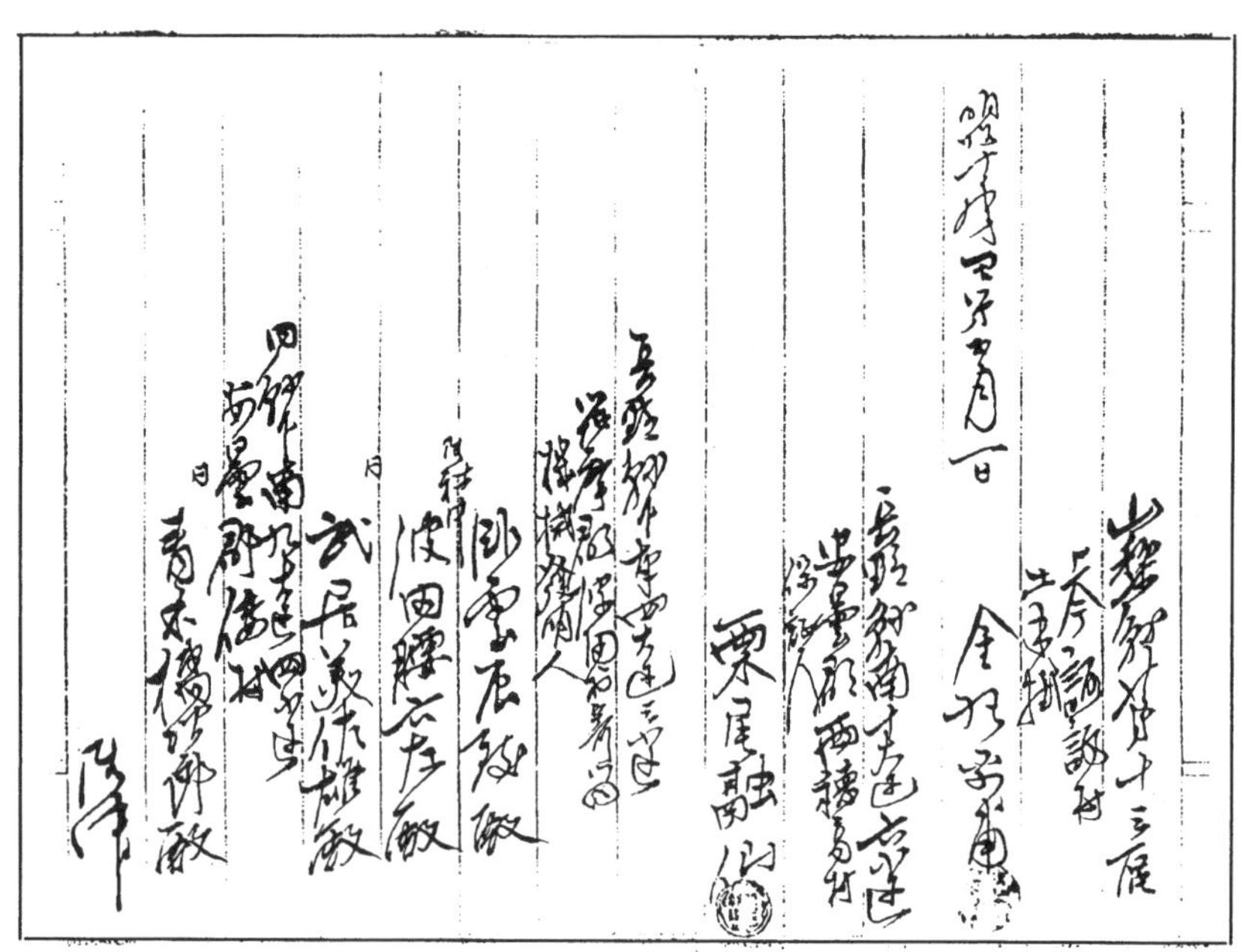
山梨縣第十三區
上今諏訪村
土木掛
金丸平甫
明治十年五月一日

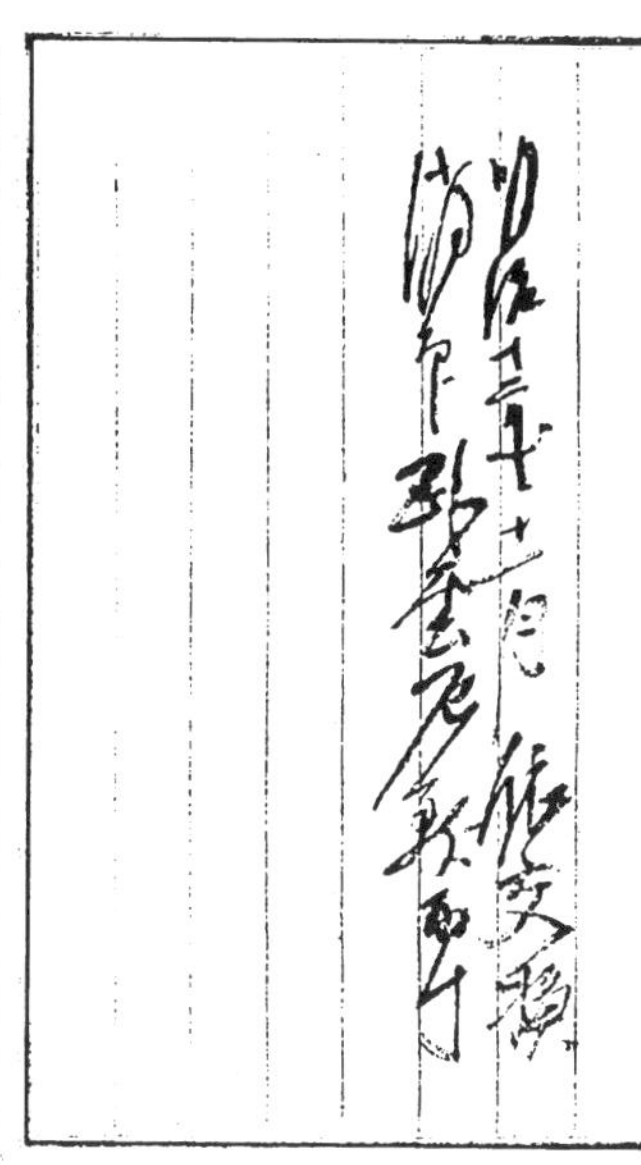

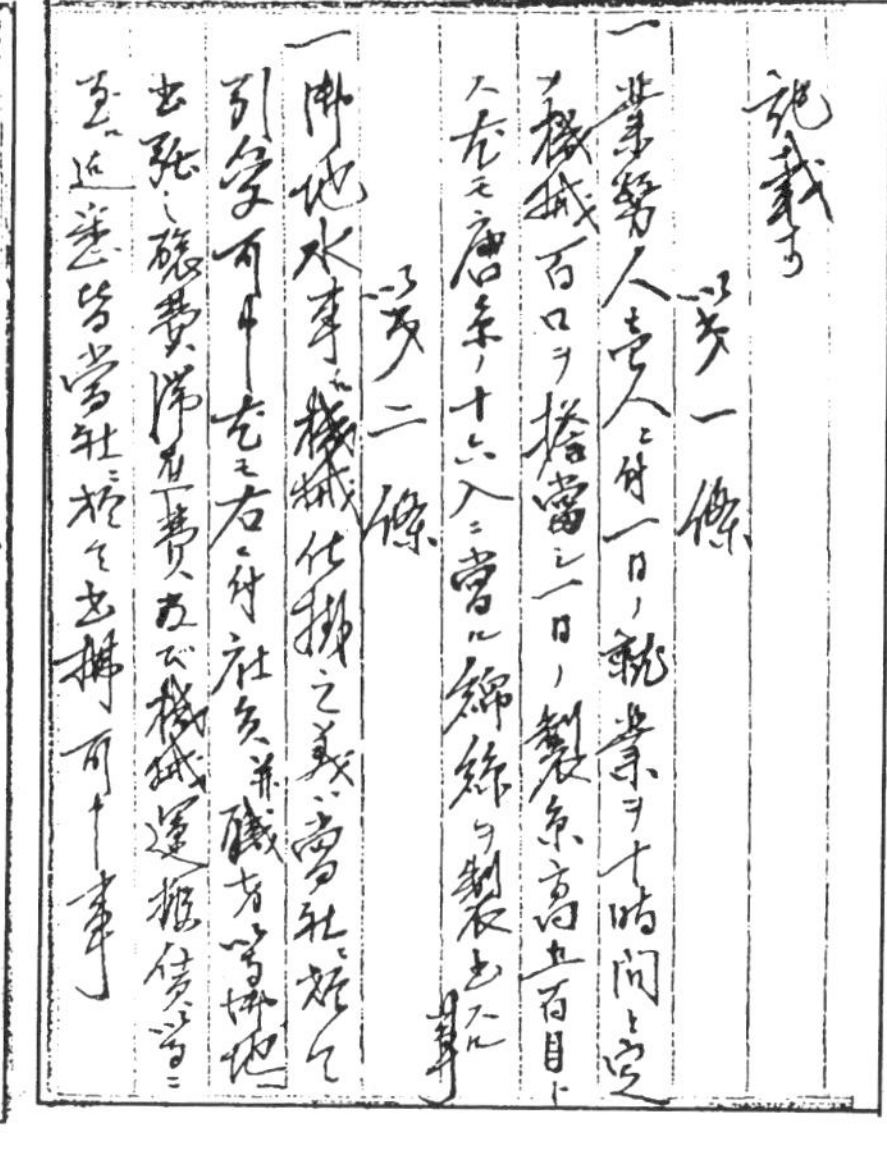

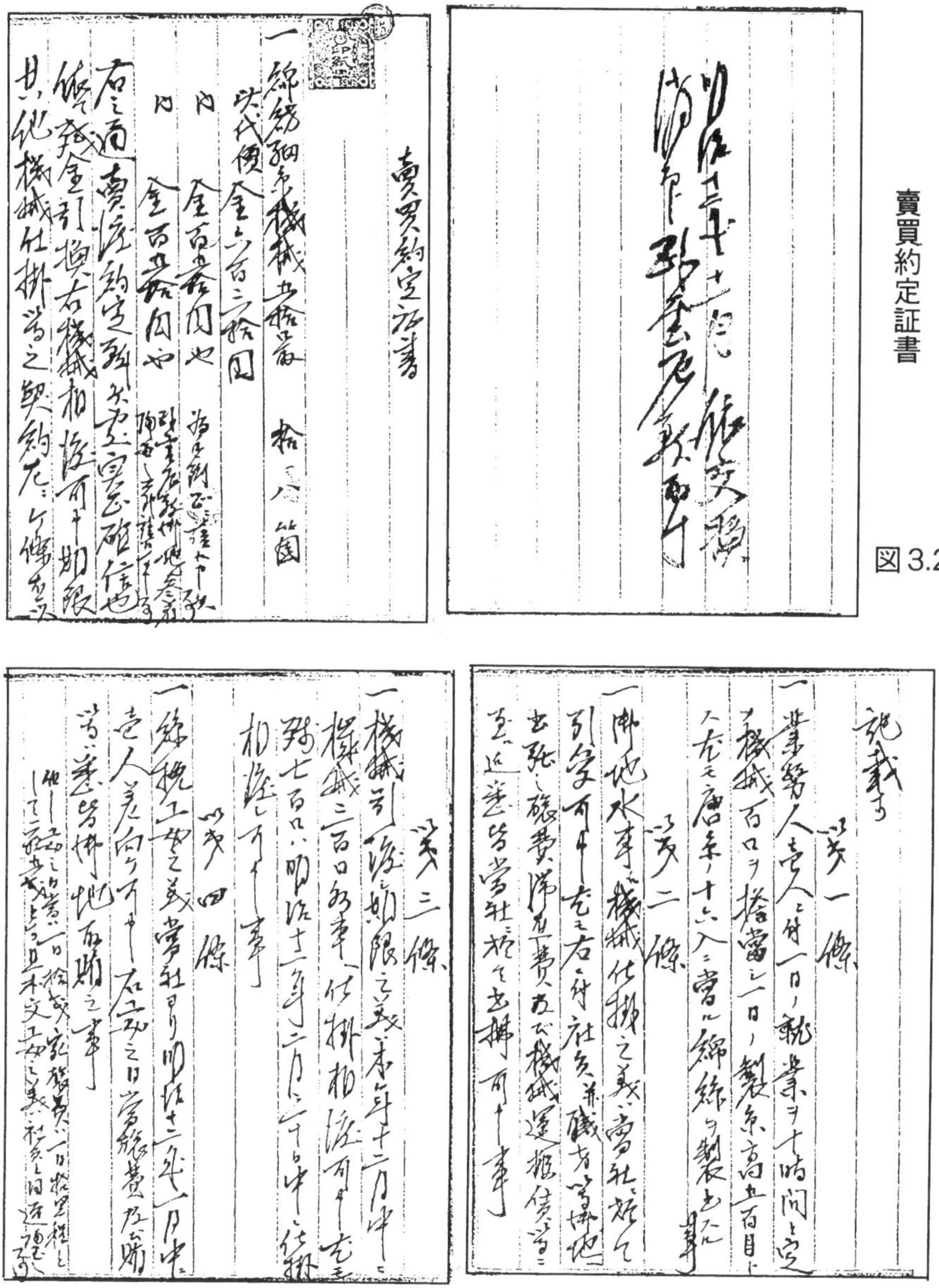

賣買約定証書

図 3.20

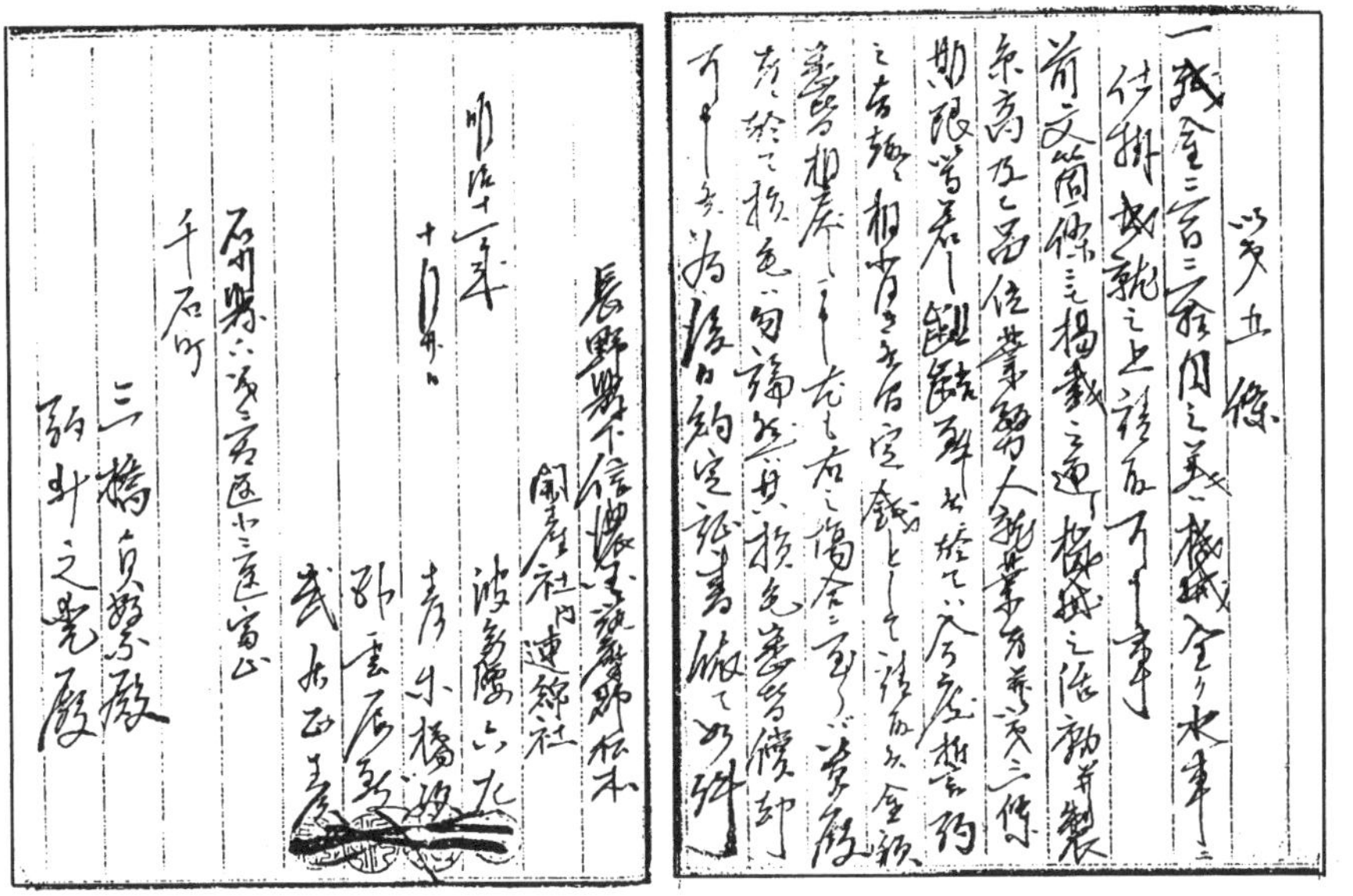

を経て山梨県大井村に連綿社の支社が設立された。

また東京神田連雀町一八番地の岡本金蔵方に東京支社を設け、各府県からの需要に応じた。記録によれば五百八十五個（台）を製造販売した。静岡県駿河国沖津（現、清水市）や石川県下越中国富山千石町（現、富山市）などにも支社を設置して販売に当たった。特に石川県・富山県へは、保存されている「賣買約定證書」（明治十一年十月二十日付）によれば、「綿紡細糸機械五十口取十八箇　此代償金六百参拾圓」すなわち綿紡機械五十錘型十八台を六百三十円で「石川縣下第三大區小三區富山千石町　三橋貞繁殿　駒井之愛殿」と契約したのであった。この書類には「長野県下信濃國筑摩郡松本　開産社内　連綿社　波多腰六左

青木橘次郎　臥雲辰致　武居正彦」の四人の氏名と印がある。すでに武居美佐雄は引退して正彦と交替していることが窺われる。このあと臥雲辰致が機械の据え付けに出張し、糸挽工女を松本の本社から派遣して技術指導に当たっている。

このようにして、僅か二、三年の間にガラ紡機は全国へ普及したのであった。このことは「第Ⅳ章　ガラ紡の推移」の中で書きたいと思っている。明治十三年には東京府下だけでも百五十箇所を数えるほど普及した。関西の堺には五名、岸和田に十名、河内泉州地方に数十名の経営者が輩出した。また、愛知県額田郡にも二十五戸のガラ紡工場の経営者がいたと榊原金之助著『ガラ紡績業の始祖　臥雲辰致翁傳記』には記されている。この当たりの事情は同書に譲りたいと思っている。

全国的な普及に対して、松本の連綿社の本社は明治十二年一月に組織を改めた。頭取　波多腰六左、同副　武居正彦、会計係　神田弥五造、機械製作　臥雲辰致、製糸係　石田周造であった。当時の記録「連綿社證言」「社則」（十五条）、「連綿社々則附録」（十定款）などのコピーも筆者の手元にあるが、紙数の関係からここでは割愛する。臥雲辰致の優れた発明も特許制度がまだ確立していない時期であったから、臥雲機の模造品が横行して、前述したように臥雲辰致や連綿社の利益に繋がらなかったようである。小型機種を購入し、その原理を真似て自分の発明品のようにして製造販売したものもあった。今日では国際的な特許について特許料の問題が起こるケースもあるが、臥雲辰致はこの恩恵に浴することもなかった。いずれにしても連綿社の名前は有名になったが、次第に経営不振になったのである。

明治十三年七月に連綿社は東京支社を閉鎖した。松本の連綿社は小型機械の販売を停止し、大型機械・一千錘以上の機種の製造販売に方針を転換した。しかし、連綿社の経営が悪化してくると、共同経営者の間でも意見の相違があり、トラブルがあったに違いない。もともと臥雲辰致は優れた発明家であったが、工場経営者として素質はなかったように筆者には思われる。この段階で臥雲辰致の悩みは大きかったと考えられるが、明治十三年十二月に連綿社は事実上解散した。その後は臥雲辰致の個人経営として存続することになった。

話は少し戻るが、明治十三年六月十六日から七月二十三日まで明治天皇陛下の山梨三重京都御巡幸が行なわれた。六月二十四日には塩尻峠を経て馬車で桔梗ヶ原から松本の行在所に御着きになられた。その翌日、二十五日には再び臥雲辰致のガラ紡機をご覧になったのである。前述した二年前の天覧のときの機械とは違って一段の工夫が加えられていた。このときの様子は『信濃御巡幸録』や『松本市史』（昭和八年発行）に僅かに記録されている。「………臥雲辰致の発明せる機器には殊に御目をとどめさせられ………」と書かれている。

このとき太政大臣・三条実美、大蔵卿・佐野常民などは連綿社の工場を視察し、臥雲辰致を激励した。佐野常民は幕末に佐賀藩・鍋島藩の精錬方の主任（今日でいえば理化学研究所の所

図 3.21 明治十三年六月　御巡幸松本御通図

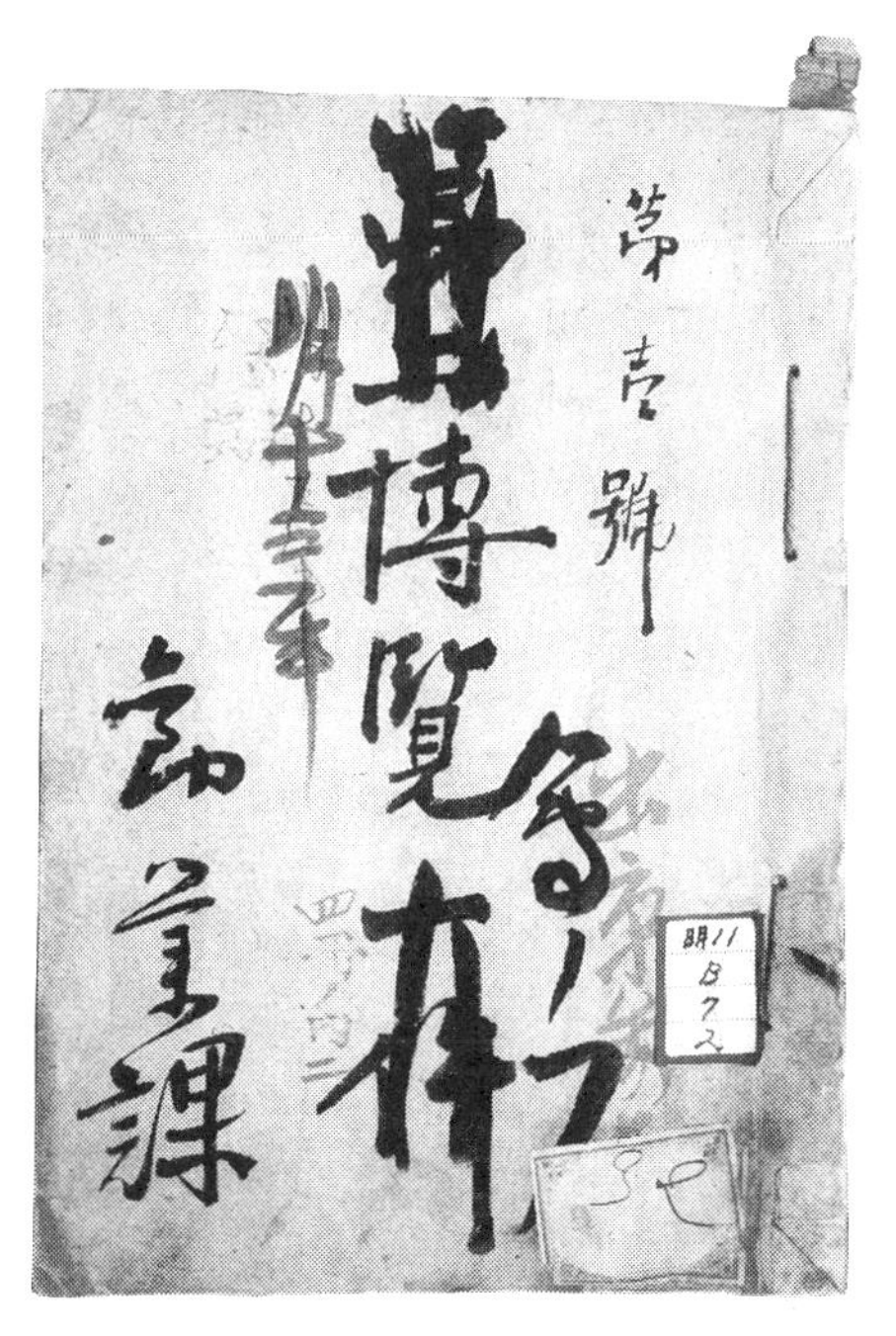

図 3.22 明治十三年博覧會の文書
（長野県教育委員会所蔵）

図 3.23 青栁庫蔵

長であろうか）を勤めた人物であるから、発明家・臥雲辰致の心と苦労を誰よりも理解していたように思われる。この佐野常民が翌年、明治十四年の第二回内国勧業博覧会の審査総長をつとめ、博覧会後において大森惟中（審査官）とともに臥雲辰致の面倒をみる背景がここにあると考えている。

## 4 窮迫・失敗を超えて発明

### 第二回内国勧業博覧会

明治十四年（一八八一年）の春、三月一日から第二回内国勧業博覧会が東京上野において開催された。出品点数は四百八十九点というから、前回の二百十一点に比較すれば約二・三倍となった。紡織関係は二百六十五点で全体の五四・二％を占めたが、前回の四点から二百六十五点へと実に六六・三倍にも大きく増加した。これは当時の社会的な要請によるものであろうか。臥雲辰致の出品は開会期日には間に合わなかったが、遅れて綿紡機械を出品した。窮迫した中で貧しい生活と闘いながら、臥雲機の改良のために苦しい努力を続けてきた。その苦労の甲斐があってか「二等進歩賞」（一等賞はなかったのでこれが最優秀賞である）の受賞の栄に輝いた。

青柳綿紡會社創立証書

青柳綿紡會社創立証書

一此會社ヲ創立スルノ主意ハ第一公益第二私益ヲ謀ル爲ナリ夫綿紡ハ日用欠クヘカラサルモノニ〆消費尤廣大ナルモノナリ維新自來貿易ノ納成リ唐糸ノ輸入セシヨリ我国固有ノ綿糸自カラ廃棄シ輸入弥多リ今日ニ至リテハ唐糸ヲ以テ輸入品中ノ第一等トス是我国ノ不幸ナル実ニ慨歎ノ至ナラスヤ依テ此証書第六條ニ連署シタル輩全心協カシ唐糸ノ輸入ヲ防ニヿヲ謀リテ此社ヲ結ビ此ノ創立証書ヲ取極候也

図3.24

第壱條

一当會社ノ株主タルモノハ當會社規則ヲ確守スヘシ

第二條

一当會社ノ名號ハ青柳綿紡會社ト称スヘシ

第三條

一当會社ハ本縣下南安曇郡東穂高村四千四百七十八番地ニ設置スヘシ

第四條

一当會社ノ資本金ヲ五万円ト定メ壱株ヲ百円トシテ總計五百株タルヘシ

第五條

一資本金五万円ノ内二万円ヲ豫備金トシテ銀行ヘ預ケ壱万円ヲ創立費トシ貳万円ヲ資金トヘシ

第六條

一資本金五万円ノ内發起人所持ノ株數並ニ住所姓名等左ノ表ノ如シ

| 株數 | 金高 | 住所 | 姓名 |
|---|---|---|---|

第二回内国勧業博覧会に出品するまでの経緯について少し触れておきたい。松本の連綿社はすでに解散し、臥雲辰致と家族の生活は非常に困窮しており、出品する紡機の資金を工面することも困難な状態にあった。東西を奔走した結果、これに援助してくれたのは南安曇郡東穂高村（現、長野県南安曇郡穂高町）の青栁庫蔵であった。三月十日付の「約定書」によれば、青栁庫蔵が機械の運賃・往復費・滞在費などを負担し、機械が売れたときには純益を臥雲辰致と折半する約束で協力する意味のことが書かれている。

また、そのころの史料「青栁綿紡會社創立証書」によれば、「第三條　一　当會社ハ本縣下南安曇郡東穂高村四千四百七十八番地ニ設置スベシ」とあり、資本金五万円（壱株　百円　五百株）と書かれている。十人ほどで会社を設立する予定であったが、実現しなかったようである。青栁庫蔵の家の菩提寺は、廃仏毀釈の前まで岩原村の安楽寺であったというから、臥雲辰致に関係のある寺であり、そこに何らかの繋がりができたのかも知れない。この青栁庫蔵について、村瀬正章著『臥雲辰致』（吉川弘文館発行・人物叢書）の中には下高井郡穂高村（いまの木島平村）とか間違ったことを書いているものも見られるので、念のために少し触れた次第である。

第二回内国勧業博覧会は三月一日から始まっており、青栁庫蔵の資金援助の約束ができたのが三月十日、「請願書」（第二回内国勧業博覧会出品のための請願書）を「長野県令楢崎寛直殿」宛に提出した日付が三月二十六日であった。この書類は長野県関係文書の中に保存されていない。筆者は昭和五十一年に岡崎市郷土館の所蔵文書の中で見たことがあった。何故、長野県公文書が長野県に保存されていないのであろうか。当時は不思議なこともあると思ったが、今でもその謎は分からない。

その「請願書」の全文が読めるように、特に図版で大きく掲載することにした。「東筑摩郡元波多村住　現今同郡北深志町　松本開産社内住　臥雲辰致　一　綿糸紡績器械　壹具　但附属品共　高四尺五寸　巾四尺　長七尺」とあり、「…………十二年十月ニ至ル迄再度器械ヲ更生シ漸次効力相加ハルト雖モ未タ意ヲ達スル能ハス其間幾許ノ失敗アルモ敢テ屈セス示来寝食ヲ忘レ夙夜焦慮シ以テ一ノ改造方ヲ案出シ既ニ昨十三年五月器械改造方ニ着手セント欲スル際不圖モ事故相生シ東西江奔走シ候ヨリ無據之ヲ抛棄ニ附シ置候然ル處本年二月下旬ニ至リ漸ク該事故相解ケ候ニ付期限後レニ候得共事情上申今般御開設ノ第二回博覧會場江器械出品方思立尚再思スレハ…………（中略）…………試験仕候處器械ノ活動且使用方等意外簡便ニシテ紡糸多量ヲ製出スルニ至ル茲ニ於テ出品ノ念再燃シ頻リニ愛願仕度最モ御成規之アル中殊ニ御開場後ノ請願故陳列ノ區内余地無之候ハハ御場内ノ片隅成リ共拝借仕出品致シ度一途ニ志願仕候…………」と記されている。

このように、期日に遅れた出品願の「請願書」には会場の片隅でもよいから場所を拝借して出品したい願望を述べている。ここに発明家の情熱、発明に生き、発明に命を懸ける男・臥雲

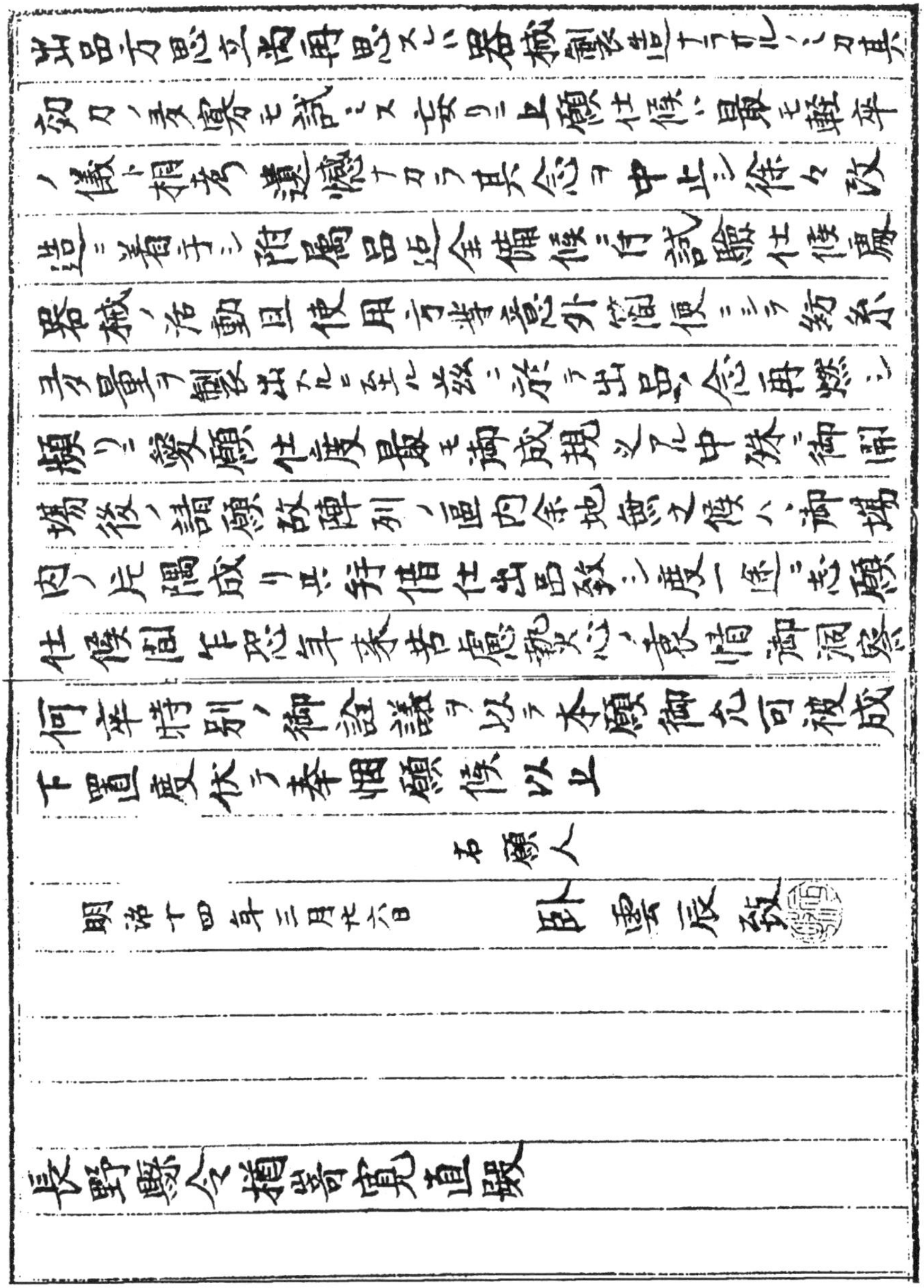

出品方思立尚再思スレハ器械製造ナラサルノミカ其
効力ノ多寡モ試ミス妄リニ上願仕候ハ最モ軽卒
ノ儀ト相考ヘ遺憾ナカラ其念ヲ中止シ徐々改
造ニ着手シ附属品迄全備候ニ付試験仕候處
器械ノ活動且使用方等意外簡便ニシテ紡糸
ノ多量ヲ製出スルニ至ル茲ニ於テ出品ノ念再燃シ
頻リニ愛願仕度最モ御成規之アル中殊ニ御開
場後ノ請願故陳列ノ區内余地無之候ハヽ御場
内ノ片隅成リ共拜借仕出品致シ度一途ニ志願
仕候間乍恐年来苦慮熱心ノ衷情御洞察
何卒特別ノ御詮議ヲ以テ本願御允可被成
下置度伏テ奉悃願候以上

右願人

明治十四年三月廿六日　臥雲辰致

長野縣令楢崎寛直殿

図3.25 長野県令楢崎寛直宛に提出した第二回内国勧業博覧会出品のための請願書（岡崎市郷土館所蔵）

請願書

東筑摩郡元波多村住
現今同郡北深志町
松本開産社内住
臥雲辰致

一　綿糸紡績器械　　壹具
　但附屬品共

右奉請願候主ハ明治十年東京上野公園ニ於テ
内国博覧会御開設ノ際非才ヽ私共発明シタル綿糸
紡績器械出品致シ亦モ鳳紋賞牌ヲ辱シ難有感
銘仕候然レ圧紡糸ノ量目ヲ定ル分銅キニ因リ一昨十三年
十月ニ至ルヒ再度器械ヲ更正シ漸次効ヲ現ハシト雖
モ未タ意ヲ達スル能ハス其間資財ヲ費シ失敗スルモ敢テ屈
セス亦寝食ヲ忘シ夙夜焦慮シ以テ一ノ改造方ヲ
案出シ既ニ昨十三年五月器械改造方ニ着手セシト
欲スル際不図モ事故相生シ東西ニ奔走シ候ヨリ遂ニ
其之ヲ抛棄ニ附シ置候然ル處本年二月下旬ニ至リ
漸ク該事故相解ケ候ニ付期限後レニ候得共事情
上申今般御開設ノ第二回博覧会場ニ器械

第二回内國勸業博覧會

長野縣

臥雲辰致

綿絲機械

該機發明以来摸倣一時ニ遍ク為ニ幾分ノ製額ヲ増ス知ルヘシ今回又改良ノ効ヲ見ル猶益々工思ヲ凝シ製機ヲ精細ナラシメハ利益多キ所遂ニ締トシテ盡キサランコトス其進歩殊ニ著ク最モ嘉賞スヘシ

二等 進歩賞

審査官 矢田堀鴻
布施邦久
山田要吉
藤島常興
大森惟中

審査部長 從五位大鳥圭介

審査副長 從四位勲四等九鬼隆一

審査總長 正四位勲二等佐野常民

右ノ薦告ニ據リ進歩賞牌ヲ授與ス

明治十四年六月十日 内國勸業博覧會事務總裁二品勲一等能久親王

図 3.26 第二回内国勧業博覧会で「二等進歩賞」受賞

辰致の悲壮な叫びが聞こえてくるようである。この願いが当時の審査総長・佐野常民や審査官・大森惟中に通じたのであろう。四年前の第一回内国勧業博覧会の鳳紋褒賞の受賞者の実績があったからか分からないが、とにかく出品され、「二等進歩賞」最優秀賞の栄誉に浴した。期日遅れの出品者に最高賞を与えるところに明治時代の「ゆとり」のようなものを感じる。今日では、そんな発想や弾力的な扱いはないと思われるが、やはり臥雲辰致の発明が抜群であったから、このような例外的な取り扱いに対して文句が出なかったのであろう。

『明治十四年第二回内国勧業博覧会

報告書』、『第二回内国勧業博覧会審査評語』（国立公文書館所蔵・内閣文庫）などの史料のコピーも手元にあるが、審査官・大森惟中が報告書の筆を執り、審査総長・佐野常民宛に報告している。臥雲辰致に関する記述は随所に読むことができるが紙数の関係からここでは割愛する。それらを象徴するものとして「二等進歩賞」の薦告の全文をここに記録しておきたい。

「第二回内国勧業博覧會　綿絲機械　長野県信濃國東筑摩郡北深志町　臥雲辰致　該機發明以来模倣一時ニ遍ク爲ニ幾分ノ製額ヲ増ス知ルヘシ今回又改良ノ効ヲ見ル猶益々工思ヲ凝シ製絲ヲ精細ナラシメハ利益ノ及フ所連綿トシテ盡キサラントス其進歩殊ニ著ク最モ嘉賞スヘシ審査官　矢田堀鴻　布施邦久　山田要吉　藤島常興　大森惟中　審査部長　従五位大鳥圭介審査副長　従四位勲四等九鬼隆一　審査總長　正四位勲二等佐野常民　右ノ薦告ニ據リ進歩賞牌ヲ授與ス　明治十四年六月十日　内國勸業博覧會事務總長二品勲一等能人親王」と明記されている。このように、第二回内国勧業博覧会において臥雲辰致は有終の美を飾ったのである。

## 幻のガラ紡機と藍綬褒章

従来の書籍がほとんど触れて来なかった不思議な臥雲機について書くことにする。前述したように第二回内国勧業博覧会の申込期限に遅れて出品したから、出品目録には記載されていないことは勿論であった。しかし、『第二回内国勧業博覧会報告書』（四十七ページ）には次のように明記されている。「………圓装ト成シ踏轉セシムルヲ以テ其補足剔去等ヲ要スルモノ回轉シテ前ニ至タルヲ待テ手ニ應シテ之ヲ完全ス故ニ一人ニシテ兼テ綿絲ノ看守ヲナスヘシ是レ其前機ニ比スレハ幾分ヲ改進スル所以ナリ………」とある。

それを推察すれば、機械は円形というが、六角形踏式二十四錘であり、動力は足踏みによって筒・壺を高速回転させる。それと同時に機台全体を低速回転させる仕掛けである。作業者の前へ糸を紡ぐ筒・壺が順次に回転してくるので、看守するために人は移動しなくてもよいのである。この機械の説明図は『第二回内国勧業博覧会報告書』の現物には、五十三ページに余白（図版が入るほどのスペース）がとられているが、何も掲載されていない。

まさに、幻の臥雲機・ガラ紡機である。多分、岡崎市郷土館所蔵の写真と同一のものが、ここに入る予定であったと筆者は考えている。この写真によれば、六角形で一辺に四錘が見えるから、4×6＝24錘の足踏式の誠にユニークなガラ紡機を考案したのである。この機械を開発した背景には、当時の普及状況は水車式（水利権や水車設置が容易でない）より手動式に人気があったと思われる。一人が手動でハンドルを回してガラ紡機を運転し、他の一人が糸を紡ぐ看守の作業を担当するから二人が必要であった。これを一人で運転しながら、糸を紡ぐ方式に改良する工夫を続けてきた。明治十三年以来、一年以上もかけて開発し、遅れて出品したのであった。その間、妻子は川澄家に託して窮迫した生活と闘いながらの発明であった。

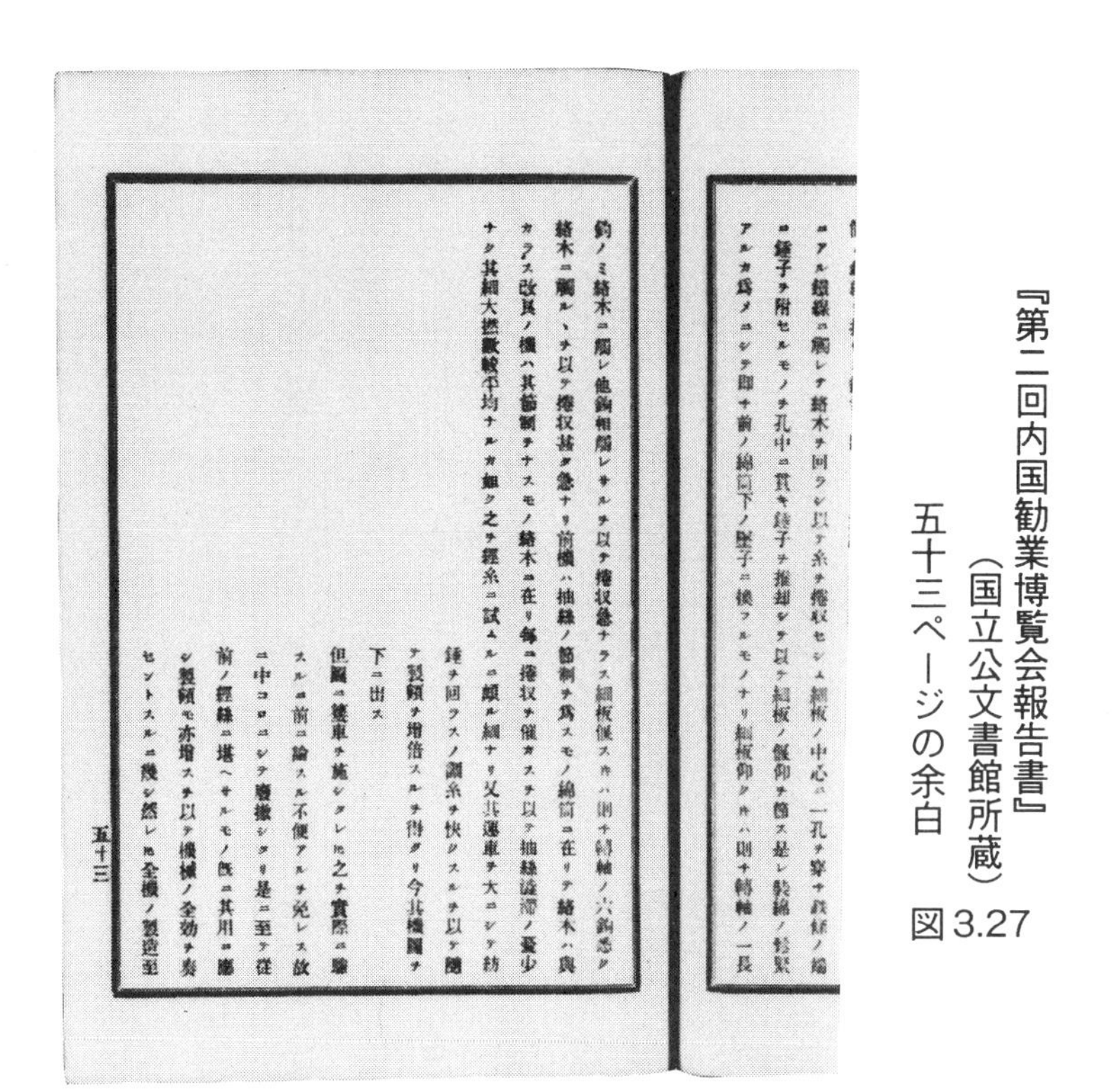

ニアル鐵線ニ觸レテ緒木ヲ回ラシ以テ糸ヲ捲収セシム細板ノ中心ニ一孔ヲ穿チ鉄條ノ端
ニ錘子ヲ附セルモノヲ孔中ニ貫キ錘子ヲ推揚シテ以テ細板ノ俯仰ヲ節ス是レ紡綿ノ緊
アルカ爲メニシテ即チ前ノ綿筒下ノ錘子ニ換フルモノナリ細板仰クトキハ則チ轉軸ノ一長

鈎ノミ緒木ニ觸レ他鈎相觸レサルヲ以テ捲収急ナラス細板俯スルトキハ則チ轉軸ノ六鈎悉ク
緒木ニ觸ル、ヲ以テ捲収甚タ急ナリ前機ハ抽絲ノ節制ヲ爲スモノ綿筒ニ在リテ緒木ハ與
カラス改良ノ機ハ其節制ヲナスモノ緒木ニ在リ毎ニ捲収ヲ催オスヲ以テ抽絲澁滯ノ憂少
ナク其細大撚數較平均ナルカ如シ之ヲ經糸ニ試ムルニ頗ル細ナリ又其運車ヲ大ニシテ紡
錘ヲ回ラスノ調糸ヲ快クスルヲ以テ随
テ製額ヲ増倍スルヲ得タリ今其機圖ヲ
下ニ出ス
但圖ニ雙車ヲ施シタレトモ之ヲ實際ニ驗
スルニ前ニ論スル不便アルヲ免レス故
ニ中コロニシテ廢撤シタリ是ニ至テ從
前ノ經絲ニ堪ヘサルモノ既ニ其用ニ應
シ製額モ亦増スヲ以テ機械ノ全効ヲ奏
セントスルニ幾シ然レトモ全機ノ製造至

五十三

『第二回内国勧業博覧会報告書』（国立公文書館所蔵）
五十三ページの余白
図3.27

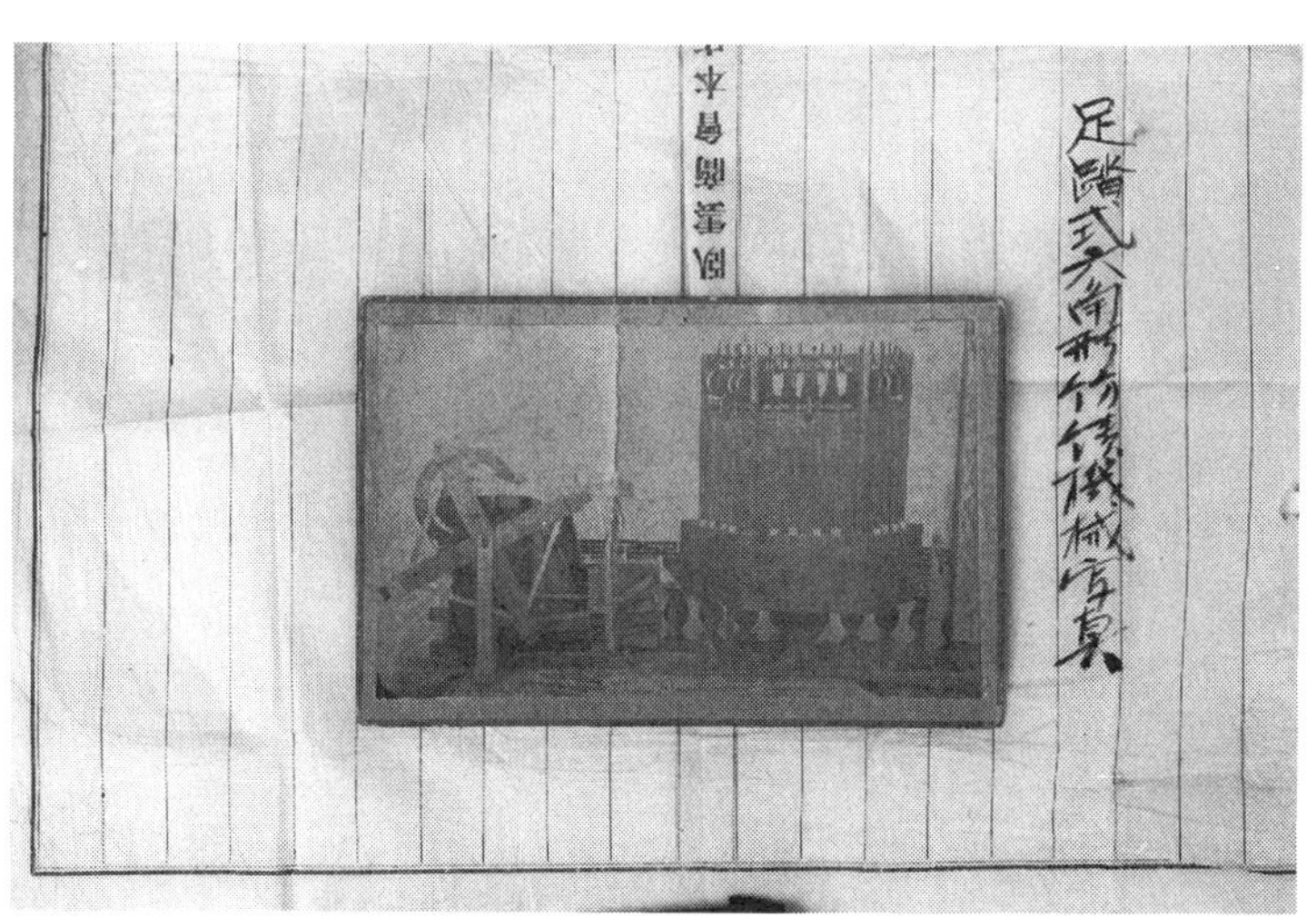


図3.28 幻のガラ紡機　足踏式六角形紡績機械写真（岡崎市郷土館所蔵）

この機械について、『第二回内国勧業博覧会報告書』には「其機ヲ圓轉セシムルカ為ニ運回頗ル慢ニシテ製額随テ多カラス是レ亦以テ機械ヲ用フルノ効ナキナリ」と審査官・大森惟中は評しているが、能率がよくなかったために、普及しなかった。その意味で、幻の臥雲機・ガラ紡機といってよいように思われる。第二回内国勧業博覧会のあと、審査総長・佐野常民や審査官・大森惟中の家に世話になり、種々の援助を受けた。数カ月東京に滞在して細番手用のガラ紡機の開発に努めた。しかし、完成には至らなかったようである。愛妻たけからは生活の窮乏を訴える手紙がきたので、明治十五年初頭に信州へ帰った。

郷里へ帰った臥雲辰致は松本北深志町の旧連綿社の工場内に居を構えた。波多村から家族を呼んでともに生活することになった。前年度に石川県ではガラ紡機を購入していたが、操作が不慣れなため、臥雲辰致へ特別な技術指導を要請してきた。そこで明治十五年には石川県や山梨県などへ出張して指導に当たった。この年、明治十五年十月三十日付で長い間の努力と発明の成果に対して藍綬褒章が臥雲辰致へ贈られた。家族とともに窮乏生活に明け暮れ、失敗を克服する発明への道は険しいものであった。藍綬褒章を手にした臥雲辰致の感激と喜びは筆舌に尽くせないものであろう。

明治十五年十二月二十日に藍綬褒章を拝受した臥雲辰致は賞勲局総裁・太政大臣三条実美、副総裁・大給恒宛に「綿糸機械ヲ発明セシヲ賞セラレ藍綬褒章ノ賜ヲ拝受ス自今此光栄ヲ失ハサ

図3.29 臥雲辰致翁肖像

岡崎市の昌光律寺には「臥雲辰致翁肖像」（肖像画巻物）が保存されている。その箱書きには「辰致翁略歴　翁は多年和紡績機械の発明に刻苦奮勵し惨憺たる境遇に甘んじ自彊一番遂に完全精巧なる器械を斯界に提供せられたる斯業深甚の恩人なり」「大正拾年八月為紀年の寫　岡崎和紡績機械製造組合」と記されている。胸に藍綬褒章がつけられている。

ラン事ヲ勉ムヘシ」と受領票を提出した。この栄光を失わないように四十一歳の臥雲辰致はますます努力するのであった。明治十六年二月ころ、臥雲辰致は愛妻たけの従兄弟に当たる百瀬軍次郎と協力して水車動力を利用した臼場（精米用）と紡糸場を経営した。また、小倉官林（現、長野県南安曇郡三郷村小倉）の損木の払い下げを受けて、上諏訪の青木岸造と共同で綿糸紡績所を計画したが、よい方向へは進展しなかった。

## 明治二十年の前後

臥雲辰致の発明したガラ紡機は愛知県・三河地方に多くの支持者を得て普及していった。特に「水車紡・山のガラ紡」と「舟紡・平野のガラ紡」として岡崎を中心に発展した。このことは「第Ⅳ章　ガラ紡の推移」において書く予定でいる。明治十七年には三河地方の紡績業者が「額田紡績組」を組織した。水車紡績業者二百六十四名と記録されている。明治十八年五月には東京上野において「繭糸織物陶漆器共進会」五品共進会が開催された。ガラ紡糸も沢山出品されたが、この段階では西洋式紡績が発達し、ガラ紡糸より糸の強度が強い西洋式紡糸を製造できるようになってきた。その意味では一時期ガラ紡は苦境に立たされたのであった。

このころ、明治十八年の春に松本女鳥羽川に設置してあった水車場（前述した百瀬軍次郎と臥雲辰致との共同経営）が水害で破損した。臥雲辰致は大損害を受けて修理費や出資者の更新のために奔走した。なかなか再建することはできなかった。修理は四月一日付の「約定書」によれば、丸山道三郎に七円五十銭で請け負ってもらった。その後、六月八日付の「契約書」によれば、紡糸機械二台、機織（はたおり）機械二台（以上は臥雲辰致と百瀬軍次郎と共同経営）を運転する水車動力と余剰動力を東筑摩郡里山辺村　小松森次郎、同郡桐村　小松利喜太郎、同郡里山辺村　丸山粂市の三名と相互の折半にして水車並びに紡糸・機織機械の経営を維持するように努力した。しかし、結果的には明治十八年九月二十一日付の「仮売買約定書」によって柳澤佐平へ百円で売却することになった。この「仮売買約定書」には臥雲辰致の工場経営の最終的規模を示していると思われるので、参考史料として次に記すことにした。

「東筑摩郡松本北深志町六九開産社持家ノ内　一　水車所輪棒　小松森次郎所持北ノ方　但ドウヅキ八本　臼八個　水量約定　小松森次郎ヨリ受取證渡ス　總數三拾坪一式　古ゼンマイ添ル　借家坪數繪圖面ヲ添ル本證ノ儀ハ九月二十一日相渡ス約　引渡方ノ儀ハ十月一日ノ約此賣渡代金壹百圓也　右之通約定致シ手金五拾圓也正ニ受取残金十月一日明渡之節皆金之約定ニテ賣渡候處相違無御座候依而假約定證如件　明治十八年九月二十一日　北深志町六九開産社内　本人　臥雲辰致　保證人　波多腰六左　柳澤佐平殿」と記されている。この中に「ゼンマイ」と書かれているのは歯車のことであろう。このようにして、松本の連綿社以来の工場経営に終止符を打って、臥雲辰致は女鳥羽川の水車場の牙城を失ったのである。波多村に引退して農業に従事したり、炭焼きなどをして妻子とともに貧しい生活を送った。しかし、このころ四十五歳の臥雲辰致はガラ紡機の開発への情熱はますます旺盛であり、蚕網織機の発明にも熱心に取り組んだのであった。

明治二十年頃は愛知県・三河地方のガラ紡はピークを迎え、水車紡績業者は四百八十三名を数えるほどに発展していた。この最盛期の明治二十一年四月に「額田紡績組」は臥雲辰致を三河地方へ招請することを決議した。頭取の甲村滝三郎はガラ紡製造業者一人につき綿糸一玉を拠出させた。これを土産に持参し、信州波多村の川澄家（妻たけの実家）に世話になっていた臥雲辰致を訪ねた。生活に困窮し失意の中にあった臥雲辰致に、三河地方へ招請することを懇切丁寧に依頼した。

臥雲辰致は、自分の発明が三河地方・岡崎周辺において立派に開花していることを聞いて、その招請を快諾した。そして七月に愛知県額田郡滝村の額田紡績組事務所へ到着した。頭取・甲村滝三郎はじめ額田紡績組の関係者は心から臥雲辰致を歓迎し、同時に指導を仰いだのであった。滝村の滝山寺に滞在し、甲村滝三郎などにガラ紡機発明の苦心談を語り、将来のガラ紡の展望についても話し合ったようである。今日の環境問題・資源のリサイクル・エコロジーを臥雲辰致はあの世でどのように考えているのであろうか。

このときの招請の目的は業界の盛運に対して臥雲辰致に感謝と敬意を表するものであった。

ついでに現地のガラ紡工場を視察してもらって技術指導を受け、今後の改善に役立てることであった。折から真夏の日照り続きで、川の水も少なく水車の運転中止中の工場も多く、大平村の柴田工場などを視察して懇切な技術指導を行なったといわれている。四十日間の滞在期間中にガラ紡機の改良点について、甲村滝三郎と真剣に討議し、岡崎の紡機大工を指導して一つのガラ紡機を試作したようである。これが、やがて次の項の特許出願への出発点となるように思われる。三河地方のガラ紡の業者と臥雲辰致との心を堅く強く結びつけたのはこのときであったように思われる。甲村滝三郎はじめ関係役員に再来を約束して信州波多村へ帰ったのは八月下旬であった。当時は岡崎から信州波多村まで五日間を要したといわれている。

## 特許出願のころ

信州波多村へ帰った臥雲辰致は以前に連綿社時代の協力者であった武居正彦を訪ねた。四十日間にわたる三河滞在中の話とともに新しいガラ紡機の発明と特許などの構想について相談した。その直後、明治二十一年の初秋に武居正彦を連れて、三河の滝村へ甲村滝三郎を訪ねたのである。明治十八年に公布された「専売特許条例」に沿って、新しいガラ紡機の考案・発明について特許申請をすることになった。明治二十一年十月十日付で東京府知事を経て農商務大臣宛に「綿糸紡績機械専売特許申請書」を提出した。それによれば、「………此ノ品一朝民間

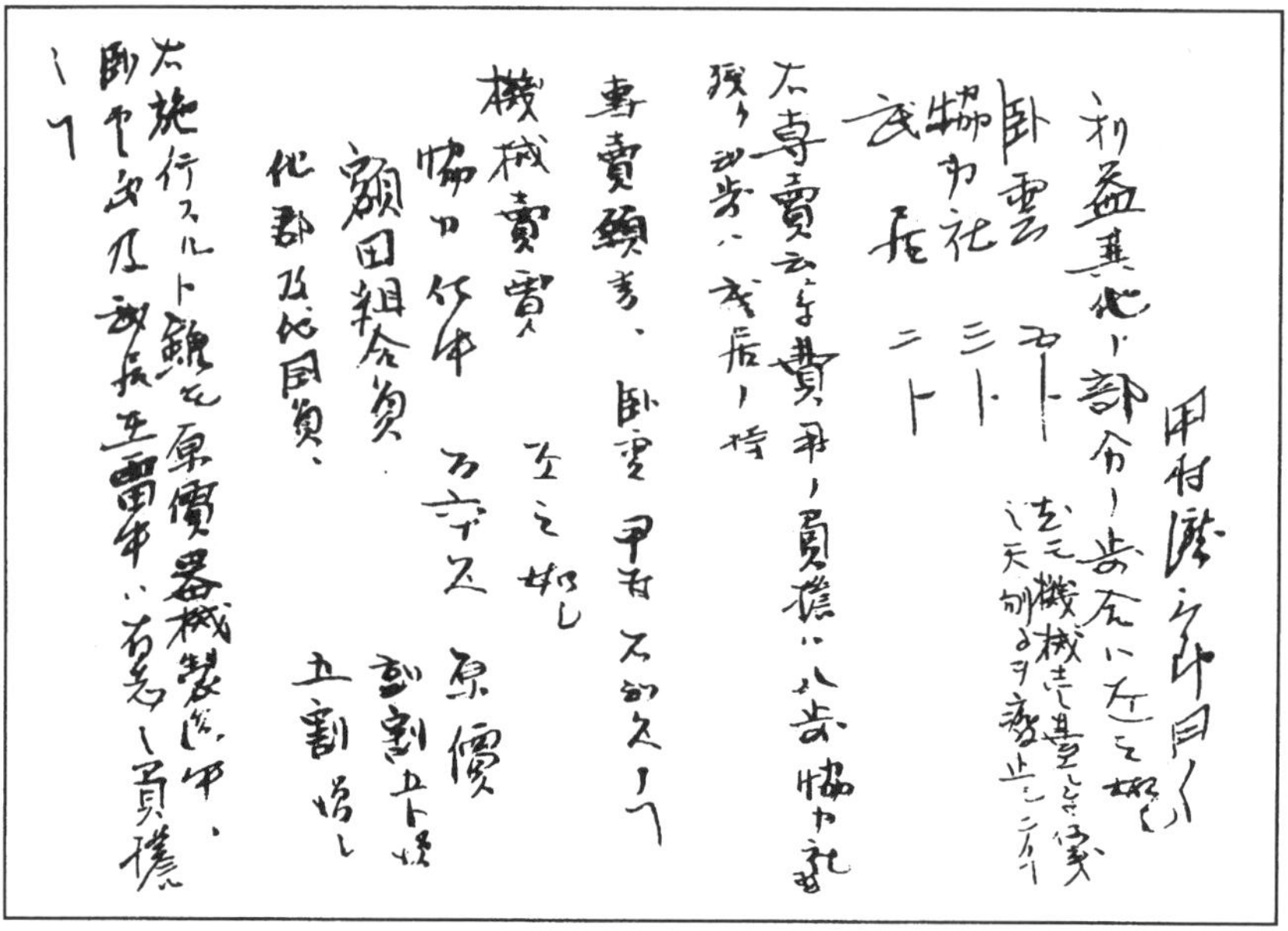

図 3.30　特許取得のための経費分担、特許取得後の利益配分などが書かれている

二普及致シ候上ハ廣ク細民ノ一業ト相成ルノミナラズ或ハ外国製ノ紡績機械ト競争スルニモ立至リ申スベク實ニ御國益ノ筋ト確信致シ候……」と記し、発明者のプライドと自信のほどが窺われる。

それに先立って、甲村滝三郎、武居正彦、臥雲辰致の三者会談では特許取得のための経費分担、特許取得後の利益配分などについては、機械一台につき何銭の天刎ねを廃止することにして、臥雲辰致五分（五〇％）、協力社（三河地方のガラ紡業者で構成する）三分（三〇％）、武居正彦二分（二〇％）などと書かれた史料も現存している。

その原文には「甲村瀧三郎曰く　利

特別審査願

明治二十一年十月十日附ヲ以テ御庇ヲ経セシ専売特許ノ
義ヲ其筋ヘ出願致シ候綿糸紡績機械ノ義ハ綿糸紡績上欠
クル有益ノ品ニ有之一期九百五円ニ普及致シ候上ハ広ク
細民ノ一業ト相成ルノミナラス或ハ外国製ノ紡績機械ト
競争スルニモ至リ中スヘク實ニ御国益ノ筋ト確信致シ
候抑モ和製綿糸紡績機械ノ義ハ私共ノ発明ニ有之去ル明
治十年御開設ノ第一回内国勧業博覧会ヘ出品シ鳳紋賞牌
ヲ拝受（外ニ出品九ケ所ニ於テモ賞牌ヲ受ク以下同シ）シ同
十四年第二回内国勧業博覧会ヘ出品シ進歩二等賞牌ヲ拝受セ
シ同年十一月専売条例ニ據テ第九号ヲ以テ並ニ賞状ヲ拝受セ
リ右ノ履歴ト世ノ必用トニ依テ現今ニ於テハ其使用場ニ
ト全国ニ普ク就中其最モ行ハルル地方ハ愛知縣三河国ト
ス該例ハ近年其特有物産ナル生綿ノ至部ヲ紡績シ尚ホ元
料ニ不足ヲ告クルヨリ毎歳数拾万円ノ生綿ヲ他国ニ仰
ク、盛況ニ御座候然ル処今般改良機械ノ発明アリシ説致
例ニ倚拠シ為ノ二改良機械ノ購求又ハ従来ノ機械ヲ改良
機械ニ改造等ノ義ヲ申シ込ムモノ續々有之従来ノ機械ハ
精ヲ顧ミルモノナキカ如ミ致ニ従来ノ機械ハ須ニ其数当
ヲ失シ頗ナ殺事業ノ職工ハ結リ手ヲ拱シ居リ候状況ニ
御座候故ニ此際幾日ヲ経過スルトハ甚ニ事業ノ製額ニ影
響ヲ来スノミナラス或ハ活路ノ一途ヲ欠キ之カ為メ局面
ニ陥ルモノナカラント深ク憂慮致シ候得共改良機械
ノ義ハ目下専売特許願中ニシテ需用者ノ求メニ應シ難ク
候依テ一日モ早ク特許ヲ仰キ自他ノ便益ヲ相営ミ度就テ
ハ重々恐入リ候次第ニ御座候得共出願ノ順序ニ拘ハラス

特別ノ御詮議ヲ以テ迅速御審査相成候様其筋ヘ御申立
被シ下サレ度此段奉願上候也

東京府本郷区湯島梅園町壱番地
服部彦九郎方同居寄留
長野縣平民
明治二十一年十一月一日
臥雲辰致
同府同区同町同番地同人方同居寄留
同縣平民
武居正彦
同府同区同町同番地同人方同居寄留
愛知縣平民
下村滝三郎

図3.31 特別審査願
（明治二十一年十一月一日付）

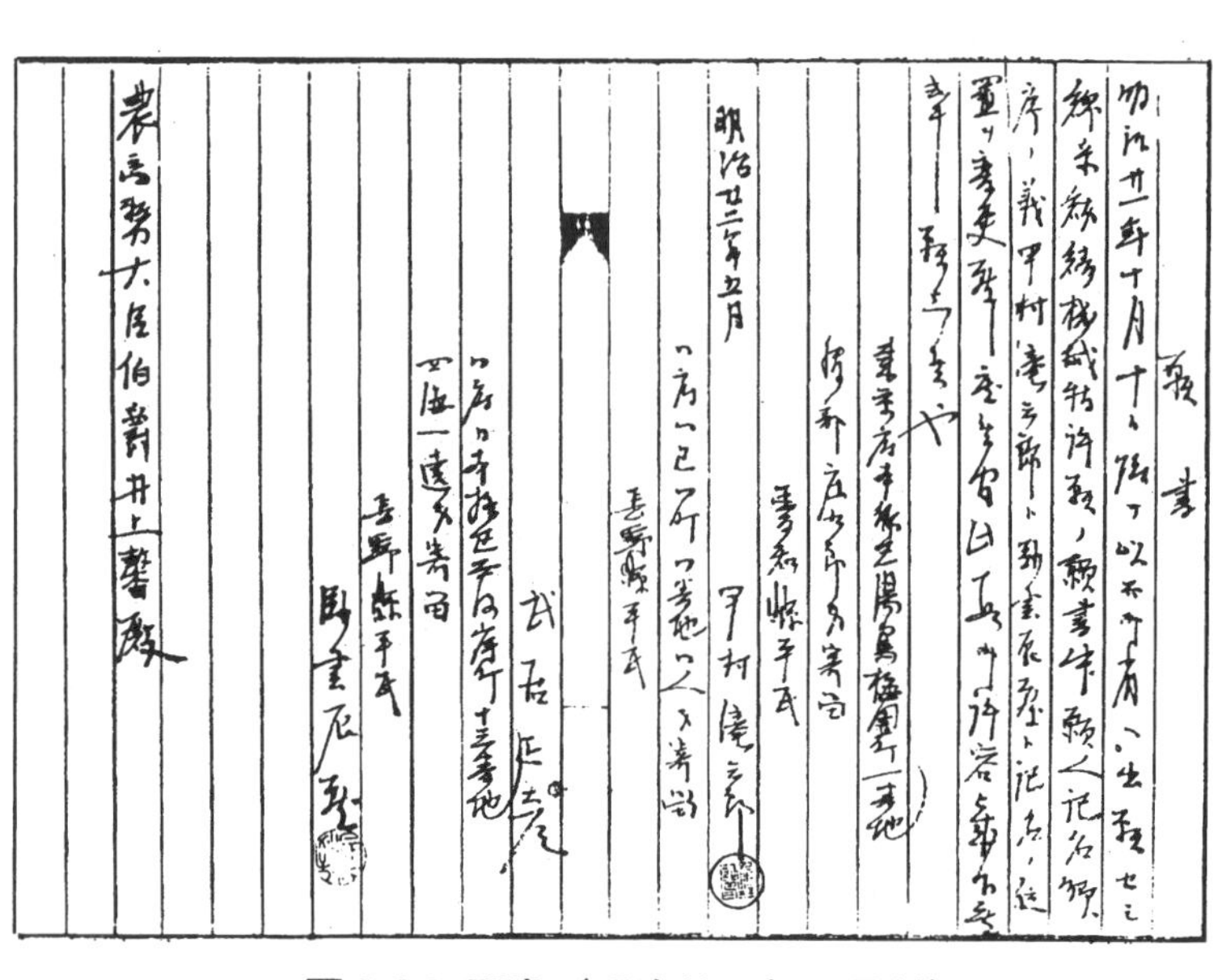

図3.32 願書（明治廿二年五月付）

益其他ノ部分ノ歩合ハ左ノ如シ尤モ機械壹臺付何銭ノ天刎ネヲ廃止シテノ事　臥雲五分　協力社三分　武居二分　右専賣云々等費用ノ負擔ハ八分協力社持残リ貳分ハ武居ノ持　専賣願書ハ臥雲甲村弐名ノ事　機械賣買ハ左之如シ　協力社中百六十名ハ原價額田組合員ハ貳割五分増　他郡及他團員ハ五割増シ　右施行スルト雖モ原價器械製造中ハ臥雲氏及武居在留中ハ有志ノ負擔ノ事」と書かれている。

これによれば、専売願書の費用は臥雲辰致と甲村滝三郎の二人が負担する。機械一台の価格は協力社の百六十名は原価とし、額田組合員には二割五分増（一・二五倍）、他郡および他団員には五割増（一・五倍）する。なお臥雲辰致と武居正彦との滞在中の費用は有志が負担することになっている。このような相談の結果、特許申請者の名義人は臥雲辰致、武居正彦、甲村滝三郎の三人になったものと思われる。

「特別審査願」の書類によれば、「………明治二十一年十一月一日　東京府本郷區湯島梅園町壹番地服部庄九郎方同居寄留　長野県平民　臥雲辰致　同府同區同町同番地同人方居寄留　同県平民　武居正彦　同府同區同町同番地同人方居寄留　愛知県平民　甲村滝三郎　東京府知事　高崎五六殿」と書かれている。翌年の明治二十二年五月には願書中の願人の順序変更願が提出されている。これは臥雲辰致が資金的に世話になっている甲村滝三郎に対する義理立てのようにも筆者には思われる。

その「願書」によれば、「明治二十一年十月十日附ヲ以而御省へ出願セシ綿糸紡績機械特許願ノ願書中願人記名順序ノ義甲村滝三郎ト臥雲辰致ト記名ノ位置ヲ変更致シ度候間此段御許容被成下度願上候也　明治二十二年五月　東京府本郷区湯島梅園町一番地　服部庄九郎方寄留　愛知県平民　甲村滝三郎　同府同區同町同番同人方寄留　長野県平民　武居正彦　同府日本橋區西河岸町十三番地　四海一達方寄留　長野県平民　臥雲辰致　農商務大臣伯爵　井上馨殿」と記されている。臥雲辰致の寄留先、日本橋の四海一達は臥雲辰致の少年時代に加賀の松下某から手習いを教わったときに、一緒に学んだ間柄といわれている。

特許の審査結果を東京で待っていても、なかなか順調に進まないので、臥雲辰致は愛知県岡崎の機械大工・加藤文次郎のところに暫く滞在した。かつてガラ紡機の改良試作に協力した関係であろう。「特許出願中旅行届継届」によれば、「臥雲辰致外弐名ヨリ綿絲紡績器械特許出願中ノ處臥雲辰致義他ノ二名ノ代理相受ケ居候モ止ヲ得ズ事故ニ付過ル五月二十五日ヨリ貳周間旅行相届当三河國ヘ旅行仕候處該用務未夕難相済ニ付帰京スル事不能候間尚ホ今七日ヨリ拾日間継旅行御聞届被成下度尤モ尚拾日間不在ニ付此段及御届候也　愛知縣三河国額田郡岡崎材木町加藤文次郎方ニテ　日本橋区西河岸町十三番地　臥雲辰致　明治二十二年六月七日　農商務省特許局長　高橋是清殿」という控えの原稿が保存されている。このように、五月下旬から六月十七日頃まで愛知県岡崎の加藤文次郎の家に滞在して世話になったのであろう。

## 「特許証」第七五二号

その後、東京に戻ったと思われるが、八月一日付の「明細書訂正通知書」「審四第二六二〇號」が到着した。ちなみに榊原金之助著『ガラ紡績業の始祖　臥雲辰致翁傳記』（昭和二十四年四月発行）の中には「審四第三三八七號」と書いているが、これは明治二十三年九月十五日付の番号であり、間違って記載されている。したがって、これを下敷きにして書いた村瀬正章著『臥雲辰致』（昭和四十年二月発行、吉川弘文館・人物叢書）も同じように三三八七号と同書の１４６ページで書いているが、特許をめぐる史料の検討が不十分であり、記述内容が混乱しているよ

明細書訂正通知書

第　部

主務審査部

願書順號　第一三一　號

願書名稱

右願書附属明細書ニ不完全ノ廉有之旨別紙廉書之通審査官ヨリ申出テタルニ依リ此通知書ノ日附ヨリ六十日以内ニ訂正書ヲ差出スヘシ此旨通知候也

明治廿二年八月壱日　特許局長

心得書

一審査官ニ於テ明細書圖面ニ不完全ノ廉アリト認メタルトキハ特許局長ハ其旨ヲ出願人ニ通知シ通知書ノ日附ヨリ六十日以内ニ訂正書又ハ訂正圖面ヲ差出サシムヘシ此期限内ニ差出サヽルトキハ出願ヲ無効トス（特許條例施行細則第十二條）

一已ヲ得サル事故ノ為メ此細則ニ定ムル期限内ニ書類ヲ差出シ難キトキハ其事由ヲ記載シ期限内ニ延期請求書ヲ差出スコトヲ得其請求ヲ相當ナリト認メタルトキハ特許局長ハ更ニ期限ヲ定メ之ヲ通知スヘシ（同第五條摘要）

一訂正書ニハ明細書中訂正スル所アル廉ノミヲ明瞭ニ記載スヘシ例之第何枚目表又ハ裏第何行第何字目何々ノ字ヨリ第何行第何字目何々ノ字ニ至ル何字ヲ除クトカ又ハ何々ノ幾字ヲ何々ノ幾字若クハ左ノ通改ムルトカ記スルノ類ナリ尤モ訂正ヲ要スル廉夥多ナルトキハ全文ヲ認メ直シ差出スヘシ

一訂正書ヲ作ルニハ特許條例施行細則明細書文例ニ準シ該文例備考ヲ参看スヘシ

一訂正書ハ左ノ文例ニ從ヒ認ムヘシ

文例

明細書訂正之件

一審査第何部
一願書順號第何號
一何々願

右出願明細書ニ關スル明治何年何月何日附訂正通知書ニ從ヒ本願ノ明細書ヲ左ノ如ク訂正致候也

一何々
一何々

年　月　日

現住所
出願人　氏　名　印
二人以上ナルトキハ各署名捺印スヘシ

特許局長氏名殿

図 3.33 明細書訂正通知書（明治廿二年八月壱日付）

うに思われる。また最近発刊された宮下一男著『臥雲辰致』（平成五年六月発行、郷土出版社）も第三三八七号と同書の154ページに記し、同様の間違いを繰り返している。

それに関連のある史料をここに図版で示すことにする。第二六二〇号は「………明治廿二年八月壱日　特許局長高橋是清　臥雲辰致殿」となっている。第三三八七号は「………明治廿三年九月十五日　特許局長奥田義人　臥雲辰致殿」である。今後このような史料と矛盾した記述や間違いが繰り返されないことを願っている。

さて、明治二十二年八月一日付の「明細書訂正通知書」を受けた臥雲辰致は直ちに「明細書」を提出したものと筆者は考えている。これによって、明治二十二年九月十三日付の「特許證」第七五二号が交付されたのであった。ここに、その特許証の一部を史料として紹介することにした。このことに関連して、岡崎市郷土館所蔵史料について、「明細書」という題名の原稿と思われる史料が保存されている。その史料の二か所に「明治二十三年十二月十五日訂正差出候也」と別の筆跡で書かれている。この点に疑問を感じたので精査してみた。その結果、「明細書」の内容は明治二十二年九月十三日付の特許証の内容に改良部分を加筆したものと思っている。このことを指摘しておきたい。その改良紡機は「特許証」第七五二号とそれほど違っていなかったから、新たに特許を取得することはできなかったと考えている。

前述の「審四第三三八七號・明細書訂正通知書」の回答は六十日以内に提出できなかったの

明細書訂正通知書

三八七

審査部　第四部

願書順號　第二三二八號

願書名稱　綿糸紡績機

右願書附屬明細書ニ不完全ノ廉有之旨別紙廉書之通審査官ヨリ申出テタルニ依リ此通知書ノ日附ヨリ六十日以内ニ訂正書ヲ差出スヘシ此旨通知候也

明治廿三年九月十五日　特許局長奥田義人

臥雲辰致殿

心得書

一審査官ニ於テ明細書圖面ニ不完全ノ廉アリト認メタルトキハ特許局長ハ其旨ヲ出願人ニ通知シ通知書ノ日附ヨリ六十日以内ニ訂正書又ハ訂正圖面ヲ差出サシムヘシ此期限内ニ差出サヽルトキハ出願ヲ無効トス(特許條例施行細則第十二條)

一己ヲ得サル事故ノ爲メ此細則ニ定ムル期限内ニ書類ヲ差出シ難キトキハ其事由ヲ記載シ期限内ニ延期請求書ヲ差出スコトヲ得其請求ヲ相當ナリト認メタルトキハ特許局長ハ更ニ期限ヲ定メ之ヲ通知スヘシ(同第五十條摘要)

一訂正書ニハ明細書中訂正ヲ加フヘキ廉ノミヲ明瞭ニ記載スヘシ例之第何枚目表又ハ裏第何行第何字目何々ノ字ヨリ第何行第何字目何々ノ字ニ至ル何字ヲ除クトカ又ハ何々ノ幾字ヲ何々ノ淺字若クハ左ノ通改ムルトカ記スルノ類ナリ尤モ訂正ヲ要スル廉夥多ナルトキハ全文ヲ認メ直シ差出スヘシ

一訂正書ヲ作ルニハ特許條例施行細則明細書文例ニ準シ該文例備考ヲ參看スヘシ

一訂正書ハ左ノ文例ニ倣ヒ認ムヘシ

文例

明細書訂正之件

一審査第何部

一願書順號第何號

一何々願

右出願ニ關スル明治何年何月何日附訂正通知書ニ從ヒ本願ノ明細書ヲ左ノ如ク訂正致候也

一何々

一何々

年　月　日

現住所

出願人　氏　名　印

二人以上ナルトキハ各署名捺印スヘシ

特許局長氏名殿

図 3.34 明細書訂正通知書（明治廿三年九月十五日付）

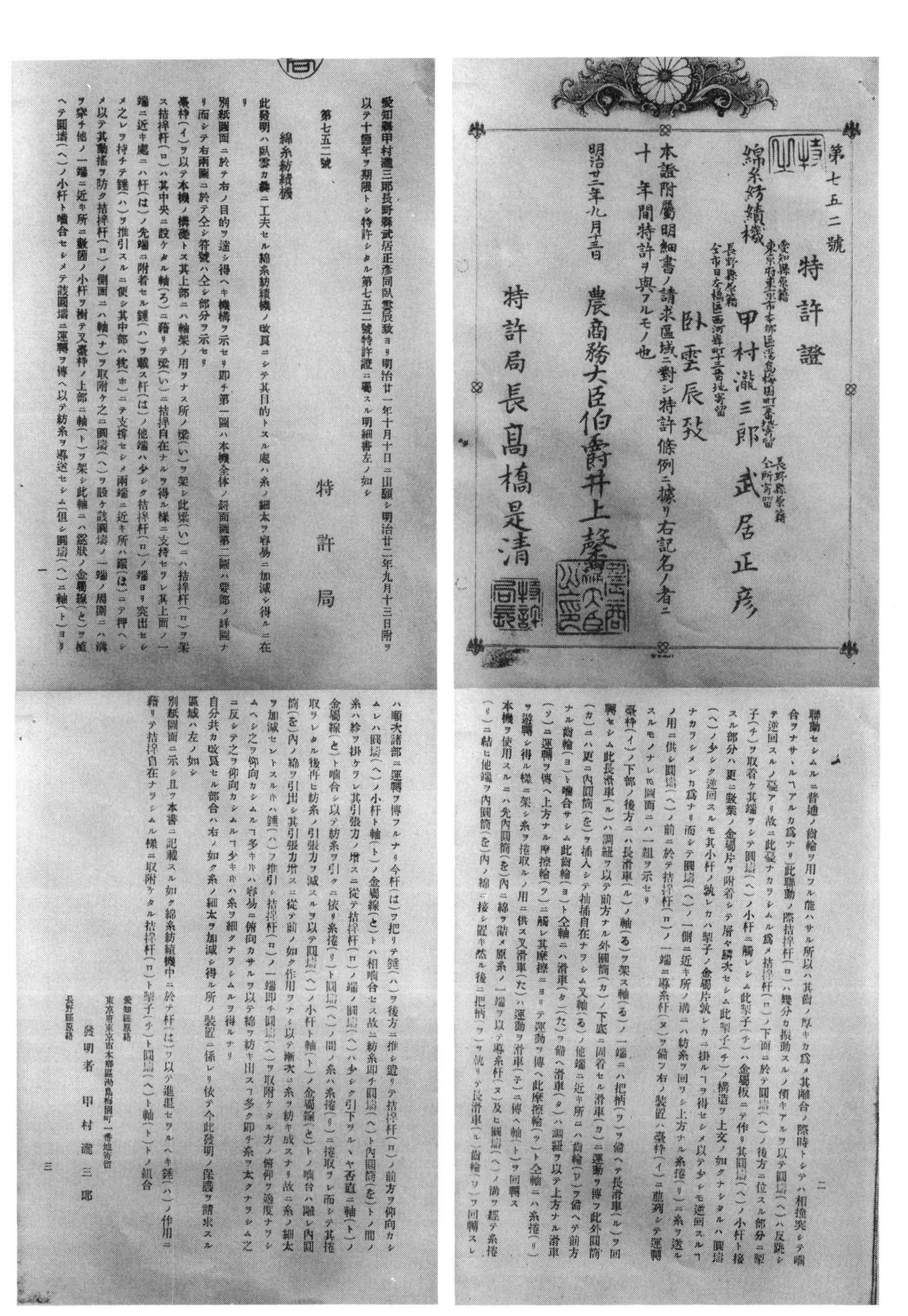

第七五二號　特許證

愛知縣原籍　東京府東京市本郷區湯島梅園町一番地寄留　甲村瀧三郎
長野縣原籍　仝所寄留　武居正彦
長野縣原籍　仝市日本橋區西河岸町二番地寄留　臥雲辰致

綿糸紡績機

本證附屬明細書ノ請求區域ニ對シ特許條例ニ據リ右記名ノ者ニ十年間特許ヲ與フルモノ也

明治廿二年九月十三日

農商務大臣伯爵井上馨

特許局長髙橋是清

愛知縣甲村瀧三郎長野縣武居正彦同臥雲辰致ヨリ明治廿一年十月十日ニ出願シ明治廿二年九月十三日附ヲ以テ十箇年ヲ期限トシ特許シタル第七五二號特許證ニ屬スル明細書左ノ如シ

第七五二號　特許局

綿糸紡績機

此發明ハ臥雲カ曩ニ工夫セル綿糸紡績機ノ改良ニシテ其目的トスル處ハ糸ノ細太ヲ容易ニ加減シ得ルニ在リ

別紙圖面ニ於テ右ノ目的ヲ達シ得ヘキ機構ヲ示セリ即チ第一圖ハ本機全体ノ斜面圖第二圖ハ要部ノ詳圖ナリ而シテ右兩圖ニ於テ仝シ符號ハ仝シ部分ヲ示セリ

臺枠(イ)ヲ以テ本機ノ構從トス其上部ニハ軸架ノ用ヲナス所ノ梁(い)ヲ架シ此梁(い)ニハ拮桿杆(ロ)ヲ架ス拮桿杆(ロ)ハ其中央ニ設ケタル軸(ろ)ニ藉リテ梁(い)ニ拮桿自在ナルヲ得ル樣ニ支持セラレ其上面ノ一端ニ近キ處ニハ杆(は)ノ先端ニ附着セル錘(ハ)ヲ載ス杆(は)ノ他端ハ少シク拮桿杆(ロ)ノ端ヨリ突出セシメ之レヲ持チテ錘(ハ)ヲ推引スルニ便シ其中部ハ枕(ホ)ニテ支撑セシメ兩端ニ近キ所ハ鐶(ほ)ニテ押ヘシメ以テ其動搖ヲ防ク拮桿杆(ロ)ノ側面ニハ軸(ナ)ヲ取附ケ之ニ圓壔(ヘ)ヲ設ケ該圓壔ノ一端ノ周圍ニハ溝ヲ穿チ他ノ一端ニ近キ所ニ數箇ノ小杆ヲ樹テ又臺枠ノ上部ニ軸(ト)ヲ架シ此軸ニハ鋸狀ノ金屬線(と)ヲ植ヘテ圓壔(ヘ)ノ小杆ト嚙合セシメテ該圓壔ニ運轉ヲ傳ヘ以テ紡糸ヲ導送セシム(但シ圓壔(ヘ)ニ軸(ト)ヨリ

一

聯動セシムルニ普通ノ齒輪ヲ用フル能ハサル所以ハ其齒ノ厚キカ爲メ其離合ノ際時トシテハ相撞突シテ嚙合ヲナサヽルヿアルカ爲ナリ)此聯動ノ際拮桿杆(ロ)ハ幾分カ振動スルノ傾キアルヲ以テ圓壔(ヘ)ハ反跳シテ逆回スルノ虞アリ故ニ此虞ナカラシムル爲メ拮桿杆(ロ)ノ下面ニ於テ圓壔(ヘ)ノ後方ニ位スル部分ニ掣子(チ)ヲ取着ケ其端ヲシテ圓壔(ヘ)ノ小杆ニ觸レシム此掣子(チ)ハ金屬板ニテ作リ其圓壔(ヘ)ノ小杆ト接スル部分ハ更ニ數葉ノ金屬片ヲ附着シテ層々鱗次セシム此掣子(チ)ノ構造ヲ上文ノ如クナシタルハ圓壔(ヘ)ノ少シク逆回スルモ其小杆ノ孰レカハ掣子ノ金屬片孰レカニ掛ルヿヲ得セシメ以テ少シモ逆回スルヿナカラシメンカ爲ナリ而シテ圓壔(ヘ)ノ一側ニ近キ所ノ溝ニハ紡糸ヲ回ラシ上方ナル糸捲(リ)ニ糸ヲ送ルノ用ニ供シ圓壔(ヘ)ノ前ニ於テ拮桿杆(ロ)ノ一端ニ導糸杆(ヌ)ヲ備フ右ノ裝置ハ臺枠(イ)ニ並列シテ運轉スルモノナレハ圖面ニハ一組ヲ示セリ

臺枠(イ)ノ下部ノ後方ニハ長滑車(ル)ノ軸(る)ヲ架ス軸(る)ノ一端ニハ把柄(ヲ)ヲ備ヘテ長滑車(ル)ヲ回轉セシム此長滑車(ル)ハ調紐ヲ以テ前方ナル外圓筒(カ)ノ下底ニ固着セル滑車(カ)ニ運動ヲ傳フ此外圓筒(カ)ニハ更ニ內圓筒(を)ヲ插入シテ抽插自在ナラシム又軸(る)ノ他端ニ近キ所ニハ齒輪(ワ)ヲ備ヘテ前方ナル齒輪(ヨ)ト嚙合サシム此齒輪(ヨ)ト仝軸ニハ滑車(タ)(た)ヲ備ヘ滑車(タ)ハ調紐ヲ以テ上方ナル滑車(ソ)ニ運轉ヲ傳ヘ上方ナル摩擦輪(ツ)ニ觸レ其摩擦ニヨリテ運動ヲ傳ヘ此摩擦輪(ツ)ト仝軸ニハ糸捲(リ)ヲ遊轉シ得ル樣ニ架シ糸ヲ捲取ルノ用ニ供ス又滑車(た)ハ運動ヲ滑車(子)ニ傳ヘ軸(ト)ヲ回轉ス

本機ヲ使用スルニハ先ツ內圓筒(を)內ニ綿ヲ詰メ原糸ノ一端ヲ以テ導糸杆(ヌ)及ヒ圓壔(ヘ)ノ溝ヲ經テ糸捲(リ)ニ結ヒ他端ヲ內圓筒(を)內ノ綿ニ接シ置キ然ル後ニ把柄(ヲ)ヲ執リテ長滑車(ル)齒輪(ワ)ヲ回轉スレ

二

ハ順次諸部ニ運轉ヲ傳フルナリ今杆(は)ヲ把リテ錘(ハ)ヲ後方ニ推シ遣リテ拮桿杆(ロ)ノ前方ヲ仰向カシムレハ圓壔(ヘ)ノ小杆ト軸(ト)ノ金屬線(と)トハ相嚙合セス故ニ紡糸即チ圓壔(ヘ)ト內圓筒(を)トノ間ノ糸ハ紾ヲ掛ケラレ其引張力ノ增スニ從テ拮桿杆(ロ)ノ端ノ圓壔(ヘ)ハ少シク引下ワル、ヤ否直ニ軸(ト)ノ金屬線(と)ト嚙合シ以テ紡糸ヲ引クニ依リ糸捲(リ)ト圓壔(ヘ)ノ間ノ糸ハ糸捲(リ)ニ捲取ラレ而シテ其捲取ラレタル後再ヒ紡糸ノ引張力ヲ減スルヲ以テ圓壔(ヘ)ノ小杆ト軸(ト)ノ金屬線(と)トノ嚙台ハ離レ內圓筒(を)內ノ綿ヲ引出シ其引張力增スニ從テ前ノ如ク作用ヲナシ以テ漸次ニ糸ヲ紡キ成スナリ故ニ糸ノ細太ヲ加減セントスルトキハ錘(ハ)ヲ推引シ拮桿杆(ロ)ノ一端即チ圓壔(ヘ)ヲ取附ケタル方ノ俯仰ヲ適度ナラシムヘシ之ヲ仰向カシムルヿ多キトキハ容易ニ俯向カサルヲ以テ綿ヲ紡キ出スヿ多ク即チ糸ヲ太クナラシム之ニ反シテ之ヲ仰向カシムルヿ少キトキハ糸ヲ細クナラシムルヲ得ルナリ

自分共カ改良セル部合ハ右ノ如ク糸ノ細太ヲ加減シ得ル所ノ裝置ニ係レリ依テ今此發明ノ保護ヲ請求スル區域ハ左ノ如シ

別紙圖面ニ示シ且ツ本書ニ記載スル如ク綿糸紡績機中ニ於テ杆(は)ヲ以テ進退セラルヘキ錘(ハ)ノ作用ニ藉リテ拮桿自在ナラシムル樣ニ取附ケタル拮桿杆(ロ)掣子(チ)ト圓壔(ヘ)ト軸(ト)トノ組合

愛知縣原籍
東京府東京市本郷區湯島梅園町一番地寄留
發明者　甲村瀧三郎
長野縣原籍

三

図3.35 明治廿二年九月十三日交付 「特許證」第七五二號

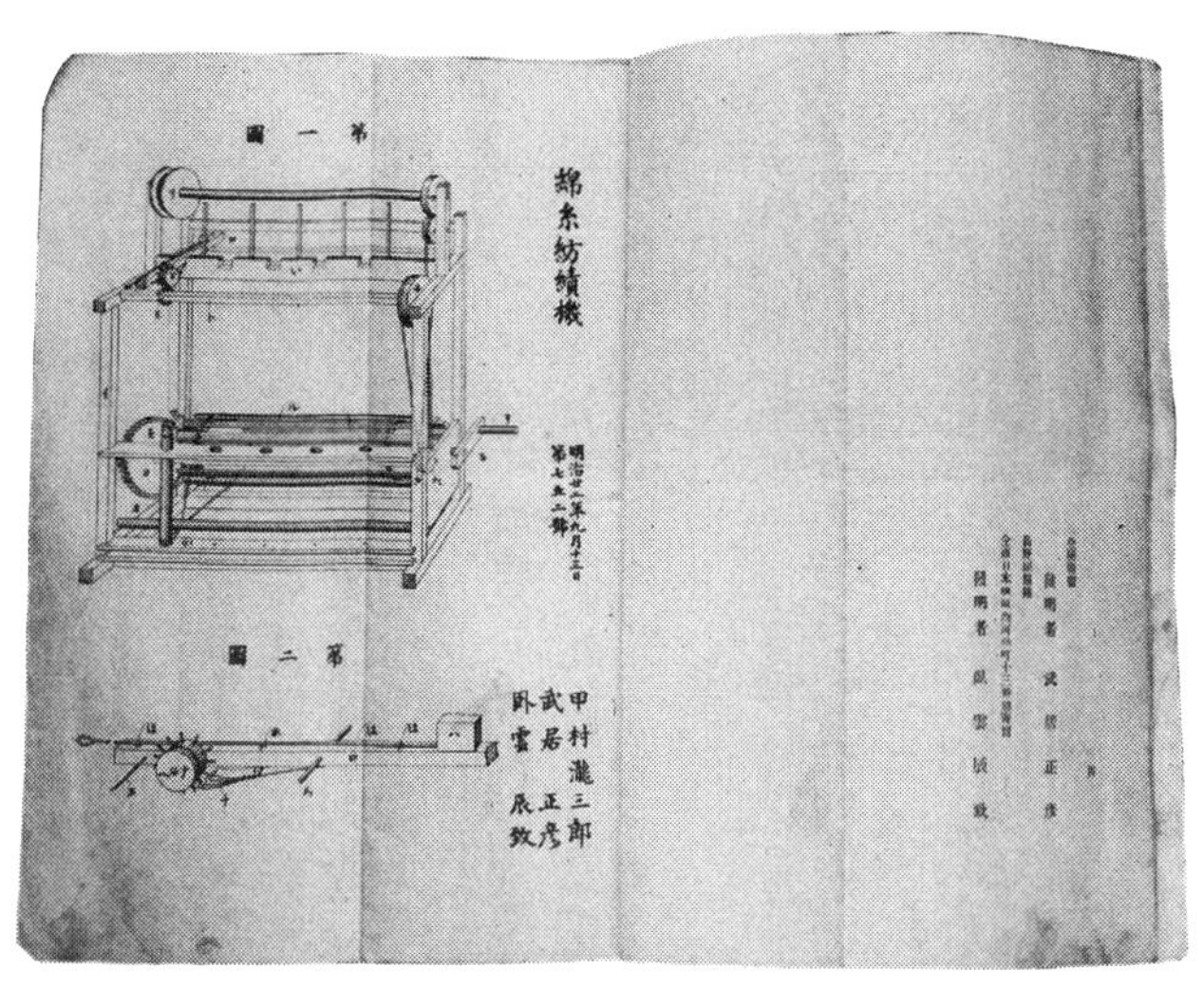


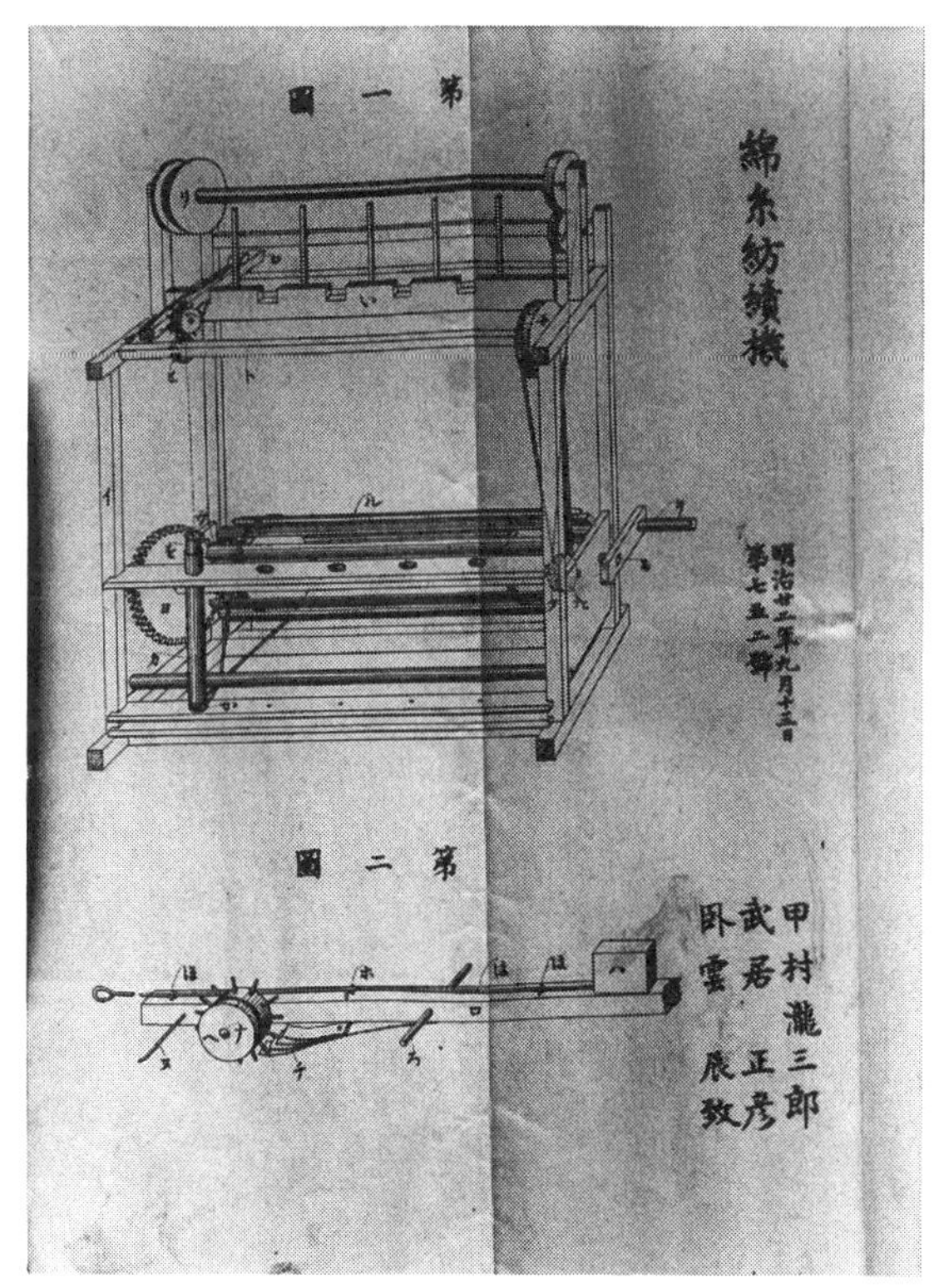


図 3.36 特許七五二號の綿糸紡績機図

で、明治二十三年十一月八日付で「延期申請書」を提出した。その中には「………九月十五日付ヲ以テ御通知ニ相成候ニ就テハ早速差出可申之處病気ノ爲メ調整出来兼候間来ル十二月二十日迄御延期被成下度………」と記されている。それが「明治二十三年十二月十五日訂正差出候也」へと繋がる経緯を窺うことができる。

榊原金之助著『ガラ紡績業の始祖　臥雲辰致翁傳記』では38ページに「明細書」の全文と図面とを掲載しているが、そこには「明治二十三年十二月十五日付訂正差出特許出願ノタメノ明細書」と書かれている。前述したように、「明細書訂正通知書」「審四第二六二〇號」と「審四第三三八七號」などの史料による混乱のためか、先学の榊原金之助が「特許證」第七五二号について触れていないことを、筆者は不思議に思ったのである。

ここに、そのガラ紡機の構造図・略図（『技術と文明』第4冊3巻1号所載の玉川寛治氏の論文「がら紡精紡機の技術的評価」から）を玉川寛治氏の諒解のもとに引用しておきたい。従来のガラ紡機のメカニズムに改良を加えて、上部の糸を巻取る部分・糸巻が糸を確実に巻取るように工夫考案されている。また天秤機構（従来は下部にあった）を上部へ移し、巻取り歯車と連動させ、ON・OFFの自動制御をするようにした。

第一回内国勧業博覧会出品以来、十二年の歳月にわたる努力の成果として特許を取得することができた。しかし、機構が複雑なために能率が悪く、実用的ではなかったように思われる。

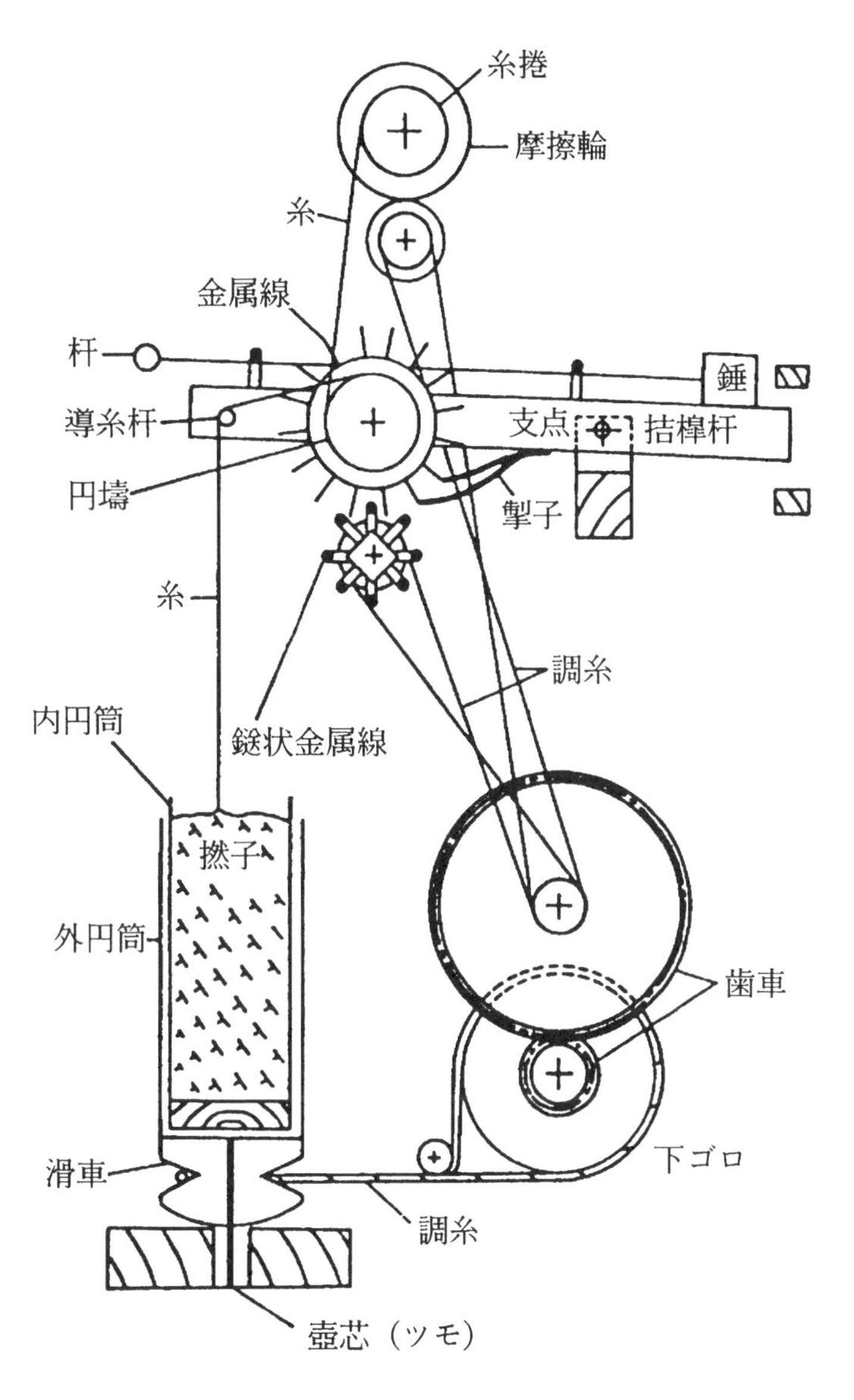


図 3.37 特許七五二号の手回しガラ紡機のドラフト装置
（「特許明細書」にもとづいて編図）

最初のガラ紡機の発明が優れたものであっただけに、それを超えるガラ紡機の開発と特許制度・所有権の恩恵に浴することはなかった。ここに発明家・臥雲辰致の発明の時期と日本の特許制度の確立の時期とに約十年の位相のずれがあった。これが臥雲辰致が経済的に恵まれなかった悲劇の背景にあるように思われる。

## 第三回内国勧業博覧会の出品

明治二十三年（一八九〇年）臥雲辰致四十九歳のころ、第三回内国勧業博覧会が東京上野で開催された。この博覧会に臥雲辰致が出品したものの記録・保存文書が長野県教育委員会文化課の管轄で保存されている。その史料『第三回内国勧業博覧會出品解説書』によって詳細に書くことにする。「第五部第一類」に「平面測量機械」を出品している。出品人名には「長野県信濃国東筑摩郡波多村四百四拾七番地　臥雲辰致」と書かれ、製造場所は自宅とある。「運転　人力ヲ以テ使用ス」、「効用　平地ヲ測図スルニ供スル器ニシテ一個ノ軽便測量器ナリ」、「明治二十二年中二個ヲ製造スルトモ販売セス」、「開業沿革　明治二十一年自己ノ発明ヲ以テ始テ製造ス」などと自ら記録に残している。したがって、明治二十一年に考案したものであろう。それに改善を加えて明治二十二年には二台を製造していたことが窺われる。

また「第七部第三類」として出品した「綿糸紡績機械」の出品解説には「運転　水力若シク

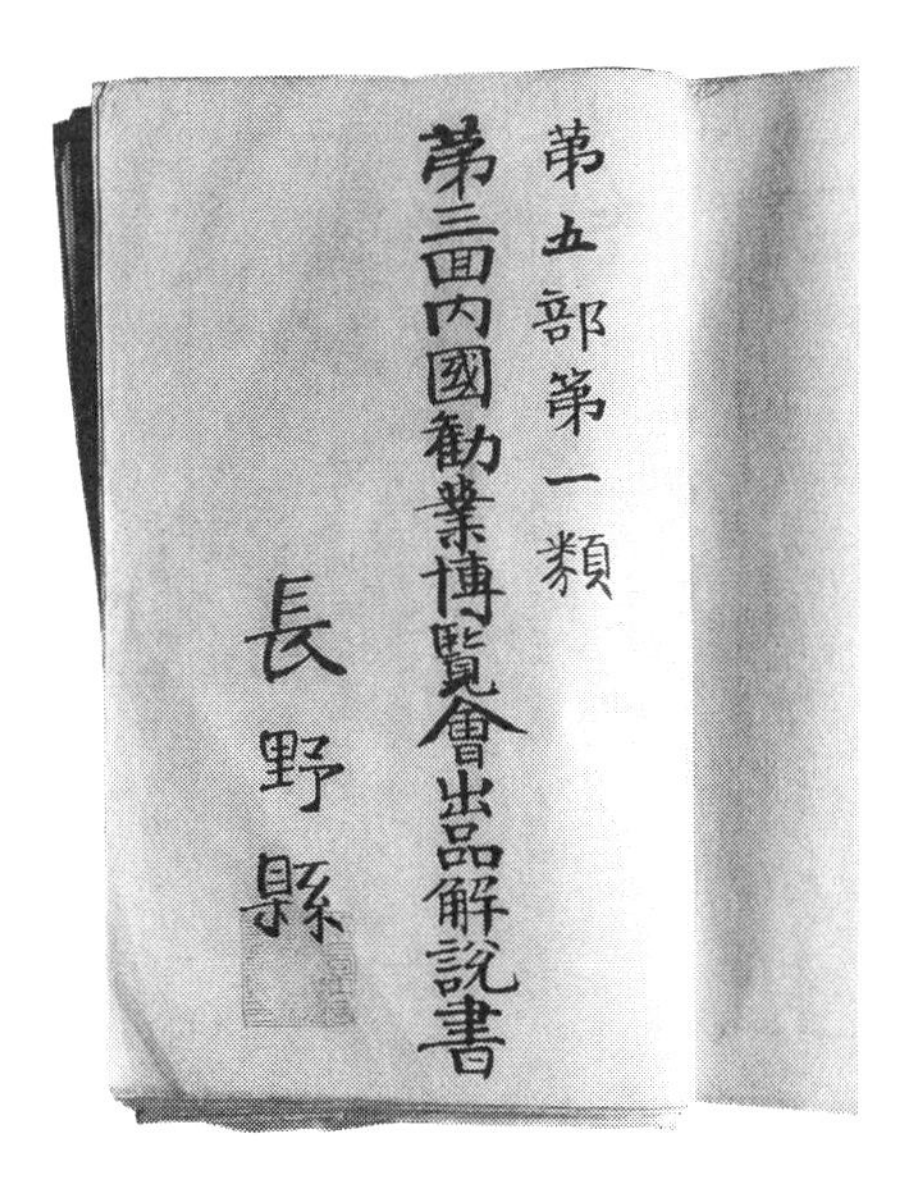
第五部第一類
第三回内國勸業博覽會出品解説書
長野縣

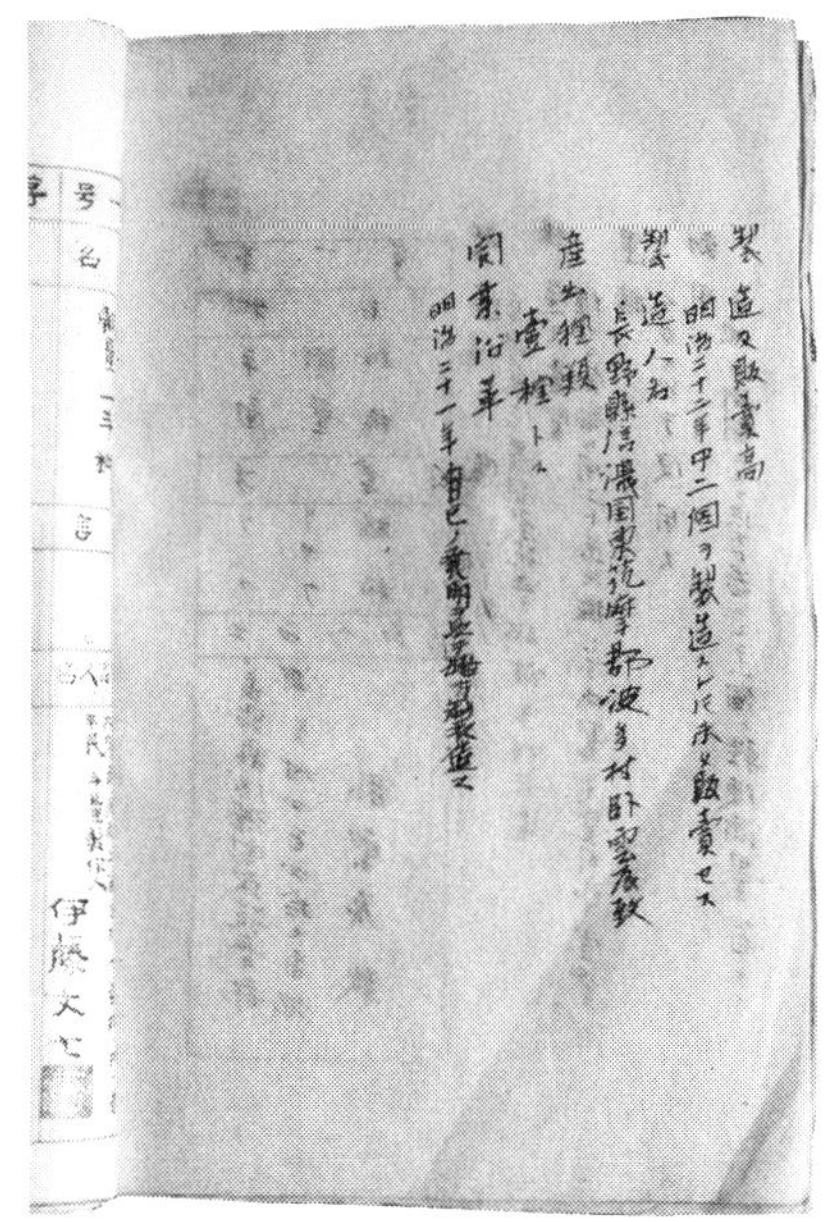
製造及販賣高
明治二十二年中二個ヲ製造シ
製造人名
長野縣信濃國東筑摩郡波多村臥雲辰致
産出種類
壹種トス
関業沿革

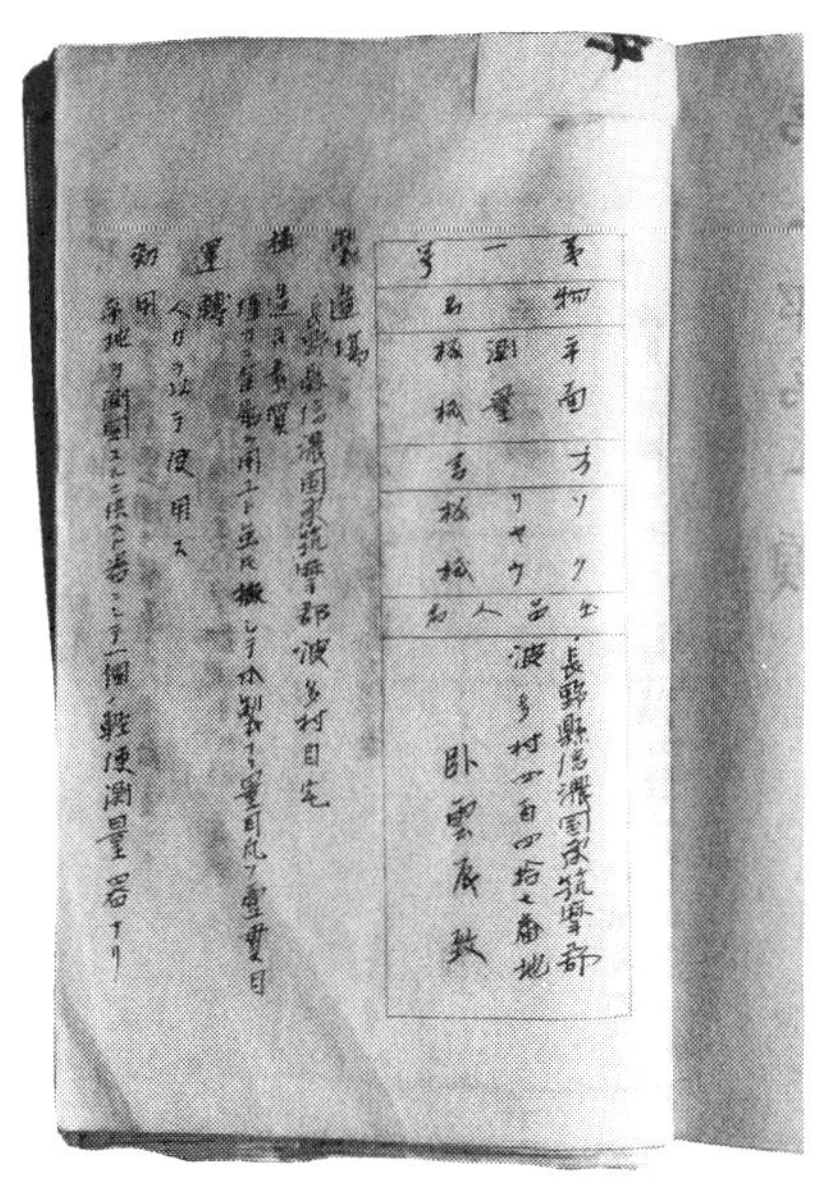
事物ノ名 テンソクリヤウキ
号 一
名称 測量器
出品人 長野縣信濃國東筑摩郡波多村四百四拾七番地 臥雲辰致
製造場 長野縣信濃國東筑摩郡波多村自宅
構造及性質
運轉
効用

図 3.38 第三回内国勧業博覧会出品解説書 第五部

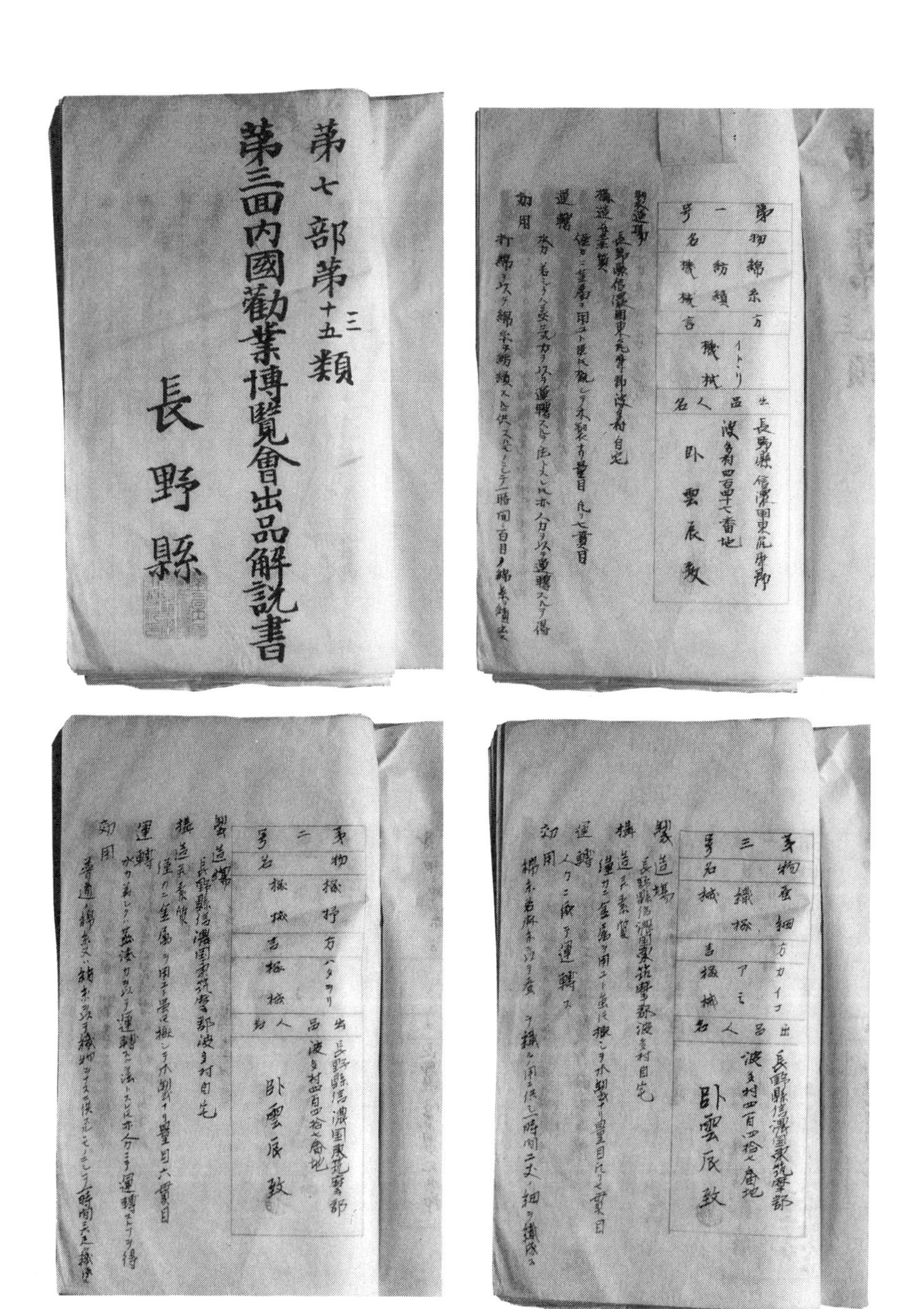
第七部第十五類
第三回内國勧業博覧會出品解説書
長野縣

図 3.39 第三回内国勧業博覧会出品解説書 第七部

ハ蒸気力ヲ以テ運転スルヲ法トスレトモ亦人力ヲ以テ運転スルヲ得」、「効用　打綿ヲ以テ綿糸ヲ紡績スルモノニシテ一時間ニ百目ノ綿糸ヲ績出ス」、「製造及販賣高　明治二十一年中製造高三拾三個販賣高三拾三個此代價金八百二十五円」、「産出種類　大小数種トス」、「開業沿革　明治十年自己ノ発明ヲ以テ製造ス」と臥雲辰致は記している。それに続いて出品解説には「機杼機械」について、「効用　普通ノ綿糸又ハ絹糸ヲ以テ織物ヲナスニ供スルモノニシテ一時間ニ六尺ヲ織成ス」、「製造及販賣高　明治二十二年中二個ヲ製造スレトモ未タ販賣セス」、「開業沿革　明治二十二年自己ノ発明ヲ以始テ製造ス」と書かれている。

さらに「蚕網織機械」については、「構造並素質　僅カニ金属ヲ用ユト雖トモ概シテ木製ナリ量目七貫目」、「運転　人力ニ依テ運転ス」、「効用　綿糸若麻糸ヲ以テ蚕網ヲ織ルノ用ニ供シ一時間二丈ノ網ヲ織成ス」、「製造及販賣高　明治二十二年二個ヲ製造スレトモ未タ販賣セス」、「産出種類　壹種ナリ」、「開業沿革　明治二十二年自己ノ発明ヲ以テ製造ス」と臥雲辰致が長野県へ提出した書類には記載されている。

このことに関連して、国立公文書館所蔵の内閣文庫『第三回内国勧業博覧會出品目録　七』には長野県第五部第一類に「測量機械」、第七部第三類に「綿絲紡績器械（一）長野県東筑摩郡波多村臥雲辰致　▲機杼器械（二）　▲蠶網織器械（三）」とある。また『第三回内国勧業博覧会褒賞授與人名録』には「第七部褒状　三等有功賞　蠶網織機械　長野県東筑摩郡　臥雲辰致」と記録されている。臥雲辰致が出品したものは前述の四点であったが、そのうち蠶網織機械に対して三等有功賞が贈られた。

その詳細を国立公文書館所蔵史料で調査してみた。その結果『第三回内国勧業博覧会褒賞薦告文 下』（第七部褒状）に「蠶網織機械 長野県臥雲辰致 製造佳ニシテ蠶家ヲ益スルコト少ナカラズ頗ル嘉ス可シ 部長 正六位工学博士 古市公威 審査官 正八位 眞野文二 正七位 三好晉六郎 正七位 阪田貞一」と記されていた。また『明治二十三年 第三回内国勧業博覧會審査報告』（第七部機械）には17ページに「長野県臥雲辰致蠶網機械ハ製作佳良ニシテ蠶家ニ便益ヲ與フヘキモノトス然レトモ機械ニ添付シタル網ノ材ハ木綿ニシテ實用上或ハ不可ナラン此材料ヲ麻枲ニ代ヘハ實際ニ便ナルヘシ」と評価され「三等有功賞」と「褒状」とが授与されたのであった。

## 晩年に向けて

第三回内国勧業博覧会の終了後、明治二十三年以降、晩年の十年間は松本郊外の波多村（現、長野県東筑摩郡波田町）に居住した。波多村は愛妻たけの実家（川澄家）のある村であった。前述した第三回内国勧業博覧会に出品した綿糸紡績機械、平面測量機械、蚕網織機械などの改良にその後も努めた。現在保存されているものに写真のような七桁計数器（計算機と書いたもの

七桁計数器の外観と内部構造（臥雲毅安氏所蔵）
（軸の一回転によって隣の歯が一枚進む仕掛けの十進法になっている）
図 3.40

が多いが、構造的にみて、何かに取り付けて使用する補助的な計数器・カウンターであろう）を考案した。何かの回転数を読み取らせて長さを計測することを工夫したものであろう。この使用法は不明であるが計算機ではないと筆者は考えている。

晩年の発明の中では、前述した「三等有功賞」を受賞した蚕網織機は好評であり、注文も多く、これを製造販売して多少の利益を得ることができた。晩年にかけては発明家・臥雲辰致の家族も貧困から少しは解放されたようである。川澄東左の長女・たけとは明治十一年（一八七八年）に結婚した。その年の暮に長男・俊造（のちに川澄家を継ぐ）が生まれ、明治十四年（一八八一年）には二男・家佐雄（のちに須山家を継ぐ）、明治十七年（一八八四年）には三男・万亀三（のちに樋口家を継ぐ）、明治二十年（一八八七年）には四男・紫朗（のちに臥雲家を継ぐ）が生まれた。結婚してから苦労の連続であった妻たけは、経済的に恵まれず貧しかった発明家・臥雲辰致の家庭を守り、内助の功を尽くしたのであった。

臥雲辰致の晩年の生活に恵みを与えた蚕網織機について、今まで書かれたものが少ないので触れておきたい。信州では生糸業・製糸業に関連して養蚕が盛んであった。そのために松本周辺では蚕網を考案して製造し、全国的に販売を拡大するようになった。松本地方が日本を代表する蚕網の生産地であったことは余り知られていない。このことに関連して、最近、松本市で内科医院を経営する医師・細萱昌利氏から頂戴した細萱邦男著『蚕網ものがたり』（平成四年四月発行）が手元にある。それによれば蚕網（さんもう）とは「蚕児飼育用糸網」と記されている。

蚕の飼育のために使用される網をいい、小さい蚕の幼虫が成長する段階に応じて、網目の間隔を一分（三ミリメートル）、二分、三分、四分、五分と次第に大きい網の蚕網を使用することが工夫されてきた。美しい絹糸をつくる蚕も動物であるから、飼育するとき排泄した糞の処理を工夫しないと、これが原因となって蚕に病気が発生する。明治維新以来の日本の近代化の中で、輸出花形産業の製糸業を推進してきた蚕の細い糸・生糸を製造するためには、養蚕の方法を改善することが何よりも必要であった。そのために考案されたものが蚕網であった。

蚕を飼育していくときに別の清潔な籠へ移すためには、まず適当な大きさの網目の蚕網を蚕の上にかぶせる。その蚕網の上に新鮮な桑の葉をおくと、蚕は蚕網の網目をくぐり抜けて桑の葉を食べるために上へ移動する。その後で、蚕網の両端をもって蚕を清潔な籠へ移すのである。このようにして蚕によい環境をつくってやるのである。これは一匹ずつ移すよりも遥かに能率的であり、蚕を傷めることもなく、養蚕の方法に大きな改善をもたらした。この蚕網は健康な蚕を育てて良質の繭をつくることに大変役立った。これは波多村の人によって考案され、松本の細萱茂七・茂一郎の親子が蚕網製造販売の企業化に成功したといわれる。

蚕網を織るために当初は木綿機（もめんばた）織機を使用していたが、臥雲辰致はこれに改良を加えて蚕網織機を開発したのである。前述した明治二十三年の第三回内国勧業博覧会に出品したものがそれであった。臥雲辰致が長野県に提出した書類は保存されている。その綴じ込み『第三回内国勧業博覧會出品解説書』の中には「製造及販賣高　明治二十二年二個ヲ製造スレトモ未タ販賣セス」、「開業沿革　明治二十二年自己ノ発明ヲ以テ製造ス」と記録されている。したがって蚕網織機は明治二十二年に開発したのであった。その蚕網織機は「綟り編み・もじりあみ」ができる「綟織機」であり、蚕網の生産能率を飛躍的に上げることができた。当時としては最先端をいく技術開発であろう。

第三回内国勧業博覧会において「三等有功賞」を受賞した型式の蚕網織機を松本の細萱茂一郎が大量に購入してくれた。細萱茂一郎は蚕網の製造販売をしていたが、工場経営の方式ではなく、問屋制手工業的経営形態をとっていた。臥雲辰致から購入した蚕網織機を農家に一台ずつ無償で貸与した。それぞれの農家が家内工業的に蚕網を織って製品に仕上げた。その労働力に対して賃金を支払う方式の経営であった。これによって波多村をはじめ松本周辺の多くの農家は副業として蚕網の製造をするようになった。

この蚕網時代は昭和初期まで続いたのであった。それは蚕を入れた平らな籠を棚に何段も差し込んだ「棚飼い」方式の時代であった。その後に「条桑育」といわれる方式になり、桑の葉が枝に付いたまま何本か重ねて与えれば、蚕は新しい葉を食べるために上がってくるので蚕網

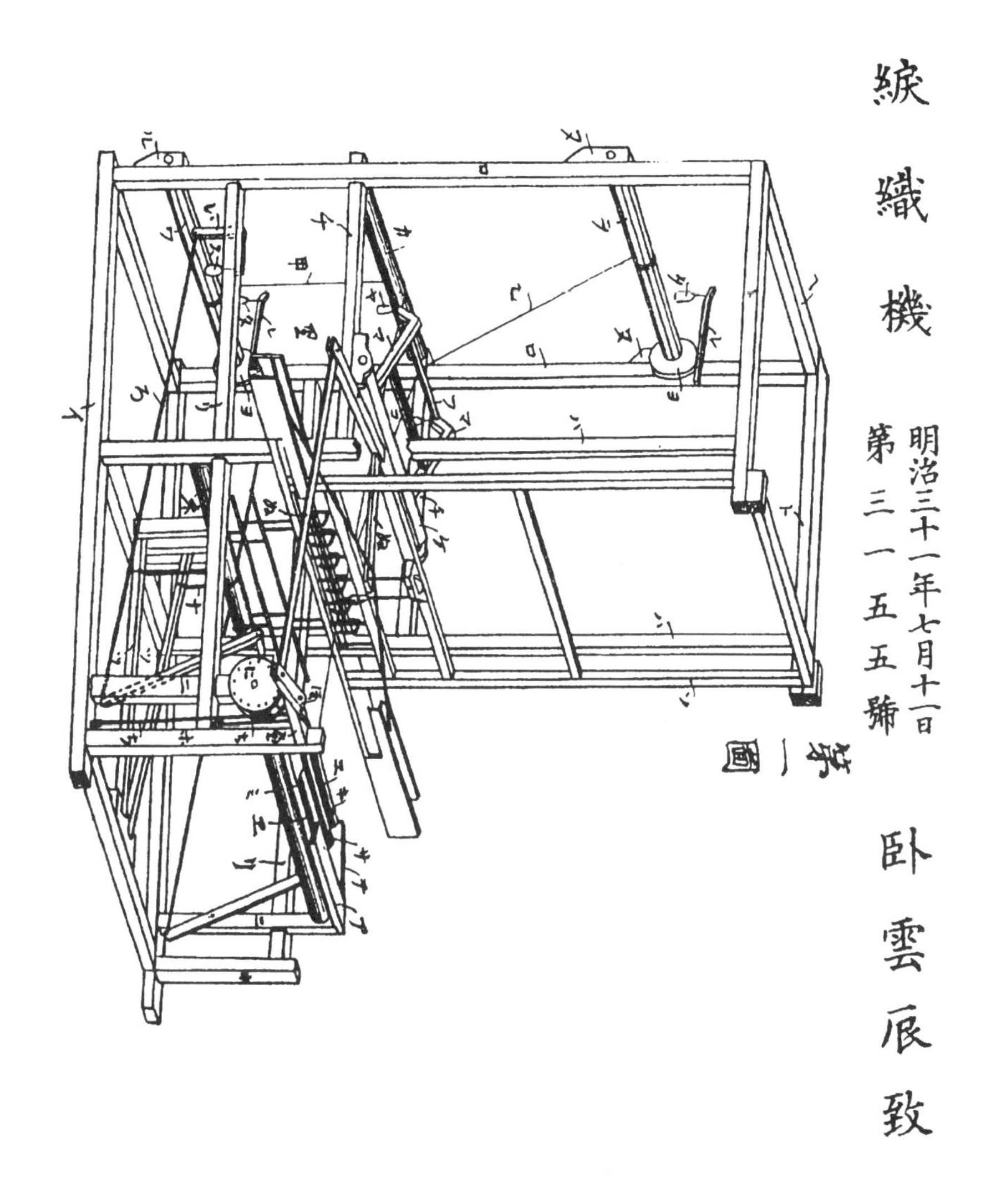


図3.41 綟織機　特許第三一五五號

綟織機

明治三十一年七月十一日
第三一五五號

第二圖

臥雲辰致

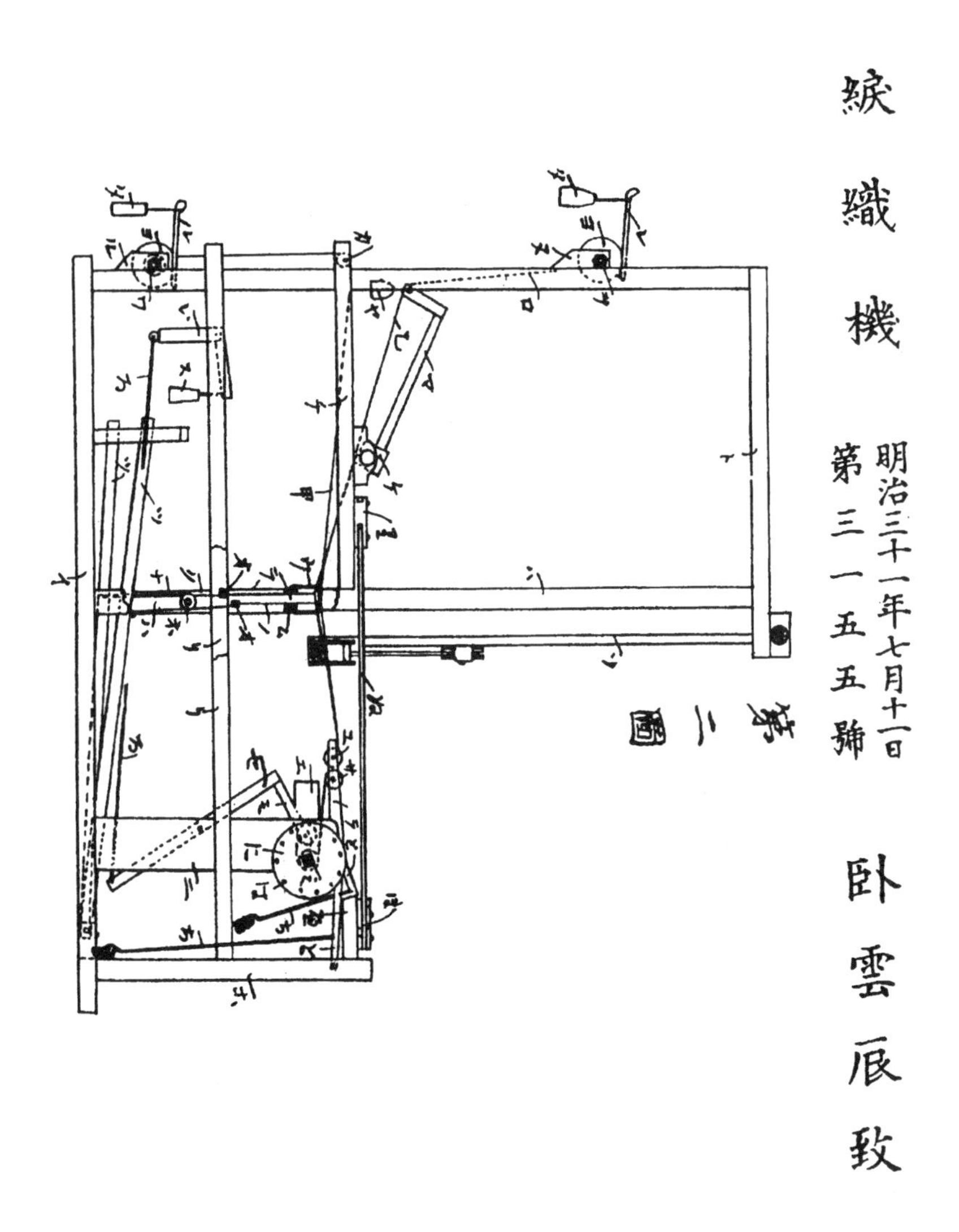

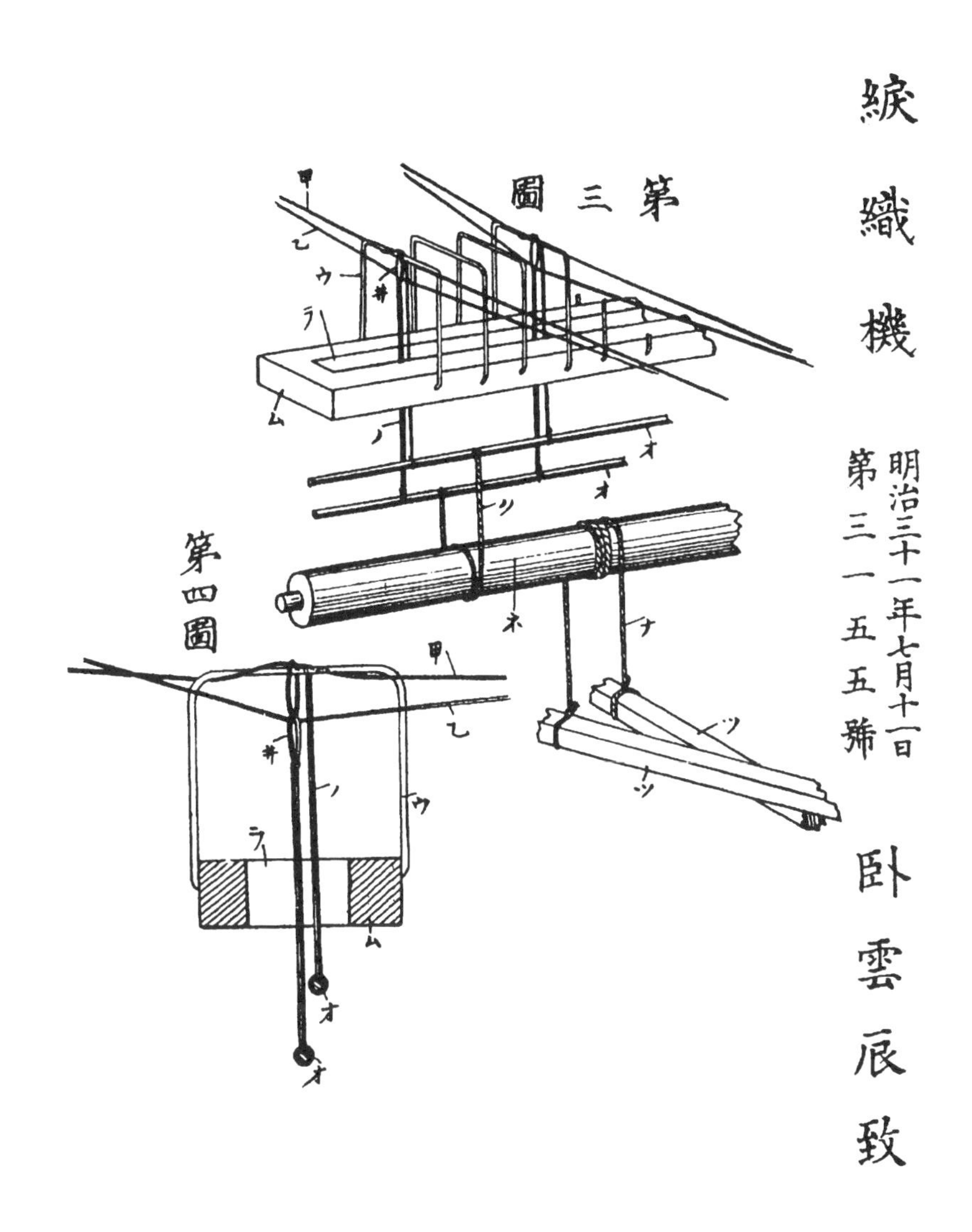
綟織機
明治三十一年七月十一日
第三一五五號
臥雲辰致
第三圖
第四圖
甲
乙
ウ
井
ラ
ム
ノ
オ
リ
ネ
ナ
ツ

# 綟織機

明治三十一年七月十一日
第三一五五號

臥雲辰致

第五圖

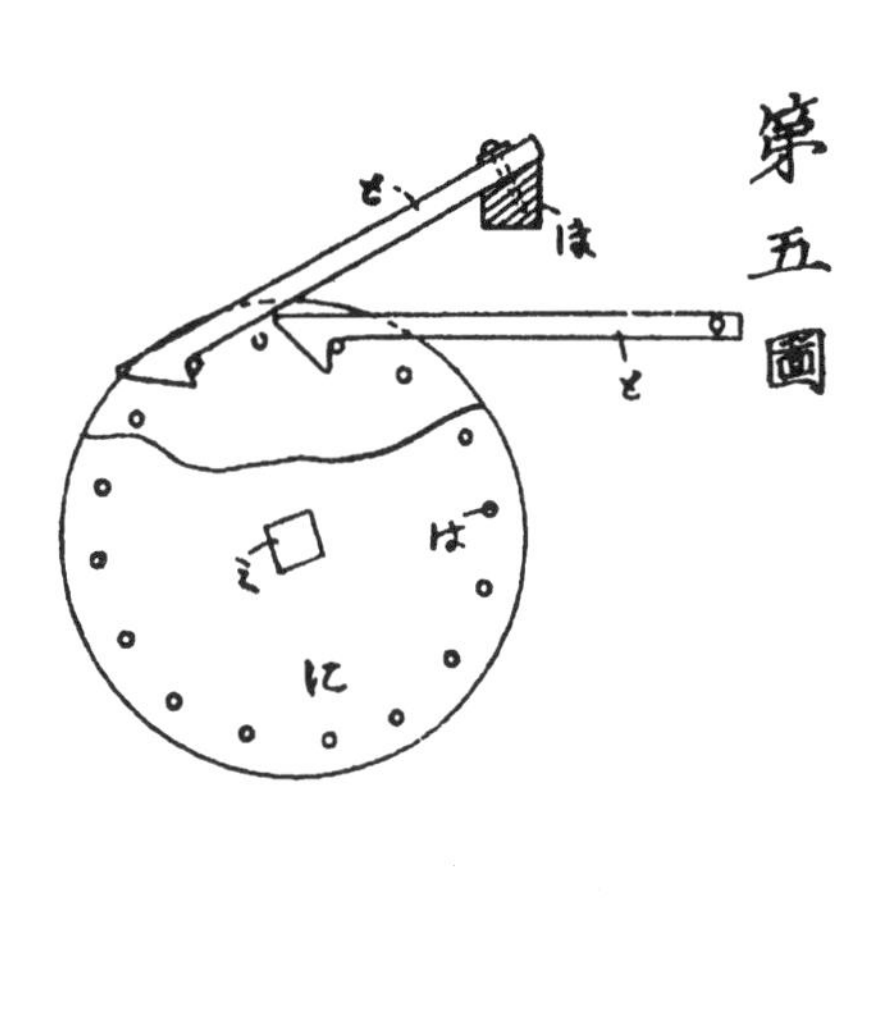


第六圖

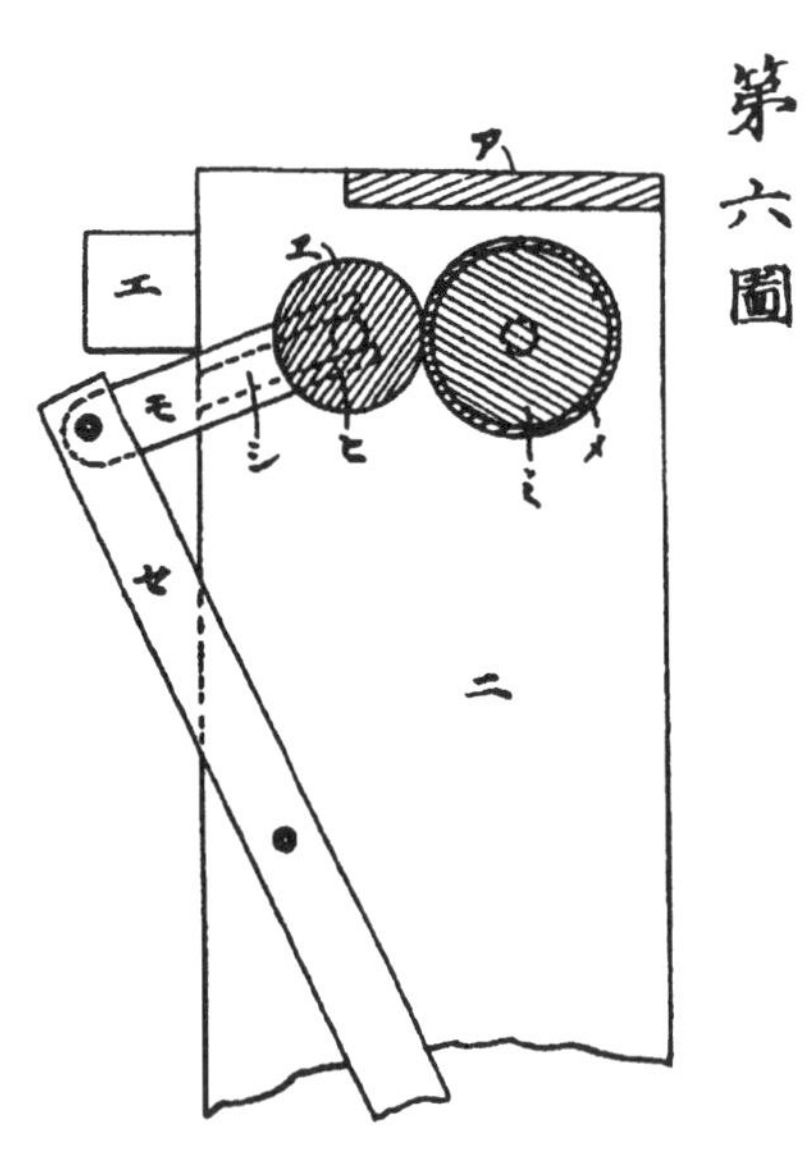

を使わない時代へと変化したのであった。それは昭和四年の世界恐慌のころであったから、臥雲辰致の蚕網織機は臥雲辰致が明治三十三年（一九〇〇年）この世を去ってから三十年間も続いたことになる。それは協力者の百瀬軍次郎（川澄たけの従兄弟）がその事業を継承していたのである。

ちなみに、蚕網織機に関係した特許は明治三十一年七月十一日付の特許第三一五五号（綟織機）が臥雲辰致に許可されている。このことに関連して、村瀬正章著『臥雲辰致』（吉川弘文館発行・人物叢書）には170ページに「辰致がさきに発明した蚕網織機は、明治三十一年十一月、宮下祐蔵・川澄俊造（辰致の長子）・徳本伊七の名で特許が与えられた。」と書いているが、何かの間違いであろう。その間違いを、そのまま引用した書籍があることを指摘しておきたい。

晩年の数年間、臥雲辰致は蚕網織機の開発によって経済的には余裕を得ることができた。しかし明治三十二年（一八九九年）、五十八歳のとき胃に変調をきたし、病床に臥すようになった。医者や家族の看護もむなしく一年後の明治三十三年六月二十九日に、波乱に満ちた発明家の生涯を閉じた。臥雲辰致の墓は波多村（現、長野県東筑摩郡波田町）の川澄家の墓地に並んでいる。墓碑の正面に「眞鮮脱釋臥雲工敏清居士」、左側面に「明治三十三年六月二十九日　行年五十九歳　臥雲辰致」と刻まれている。また右隣には内助の功を尽くした愛妻川澄たけの墓碑「眞鮮脱釋臥雲工敏清大姉」「川澄たけ」が並んでいる。

この「第Ⅲ章　臥雲辰致・発明家への道」では、十九世紀における優れた発明家・臥雲辰致の苦難に満ちた人生を、筆者が新たに発掘した第一級史料を使って書いてきた。史料調査をかねて毎年のように新緑の安曇野を訪ねてきた。臥雲辰致の生まれ故郷・堀金村から晩年の地・波田町へと歩いたこともあった。そのとき偶然にも、北アルプス常念岳の上に雲が臥していた。ガラ紡の技術は風雪に耐えて高く聳える常念岳のように思えた。そこで「振り返る高嶺は雪の臥雲かな」という一句が頭に浮かんだ。臥雲辰致の技術は二十一世紀のエコロジー時代へ向けて必ず役立つに違いないと思った。次章では「第Ⅳ章　ガラ紡の推移」について書くことにする。

# 第Ⅳ章　ガラ紡の推移

## ガラ紡の盛衰・明治時代

十九世紀のガラ紡の優れた技術開発・発明が世紀を越えて、現在も利用されていることは誠に隔世の感がある。その長い命の盛衰をここで概観しておくことも必要かもしれない。「第Ⅲ章　臥雲辰致・発明家への道」の「2　発明家へ再出発」「独自の道を開拓」の中で述べたように、明治政府が力を入れた西洋式紡績・技術導入の政策は明治十年代において十分な成果をあげることができなかった。このような停滞期に臥雲辰致のガラ紡機の技術開発・発明が果たした役割は大きかった。その機械が簡便であり、機械の価額もそれほど高くなかったから、西洋式紡績機械に比較して遥かに設備投資しやすかった。そのことが全国的に普及する背景にあるが、農家の家内工業的な経営形態に適応する規模の機械であり、能率向上とともに経営合理化に貢献した。

要するに、近代化の遅れていた農家の副業的な家内労働力にとって、綿織物のために綿紡糸を供給する手段として、簡便な「ガラ紡機・臥雲機」は最適な機械であった。そこで全国的に

矢作川の舟紡績

図 4.1

水車紡績に使われてきた水車

図 4.2

好評を博したのであった。初期のガラ紡機は、西洋式紡機の技術導入の勉強段階・停滞期を補ったというだけでなく、農家の副業的経営形態を一段と進めたマニュファクチュア段階へ移行させた。この技術革新と経営革新とによって、明治二十年代の初期までは西洋式紡績と十分に対抗していたのである。前述した明治十年（一八七七年）の第一回内国勧業博覧会以降、各地に普及したガラ紡機は特に愛知県三河地方において「水車紡・山のガラ紡」と「舟紡・平野のガラ紡」として発達した。

まず、矢作川の「舟紡・平野のガラ紡」について触れれば、第一回内国勧業博覧会を綿糸商・糟谷縫右衛門のところの番頭が見学し、帰郷後、人々に薦めたところ、鈴木六三郎がガラ紡機の導入を決意した。すぐに臥雲辰致を訪ねて親しく四十日間も指導を受けた。臥雲機を購入、臥雲辰致をつれて三河に帰り、横須賀村津平の観音寺の滝の水力を利用したが成功しなかった。そこで、舟を矢作川古川に浮かべて水車を外輪船のように取り付けて運転した。

それは明治十一年の秋のことであり、舟紡績に成功した最初とされている。舟紡績の舟は老廃した舟を利用し、長さ十間、幅一間ほどの大きさの舟に水車一個を取り付けて、三十錘〜九十錘のガラ紡機を据え付けて運転した。明治末期には舟はやや大きくなり、水車二個を取り付けて、二百四十錘〜三百二十錘の紡機が運転された。ガラ紡機の据え付け方は横式から縦式へ変更したようである。明治十二年の当時、三隻だけであったものが、明治三十一年には五十九

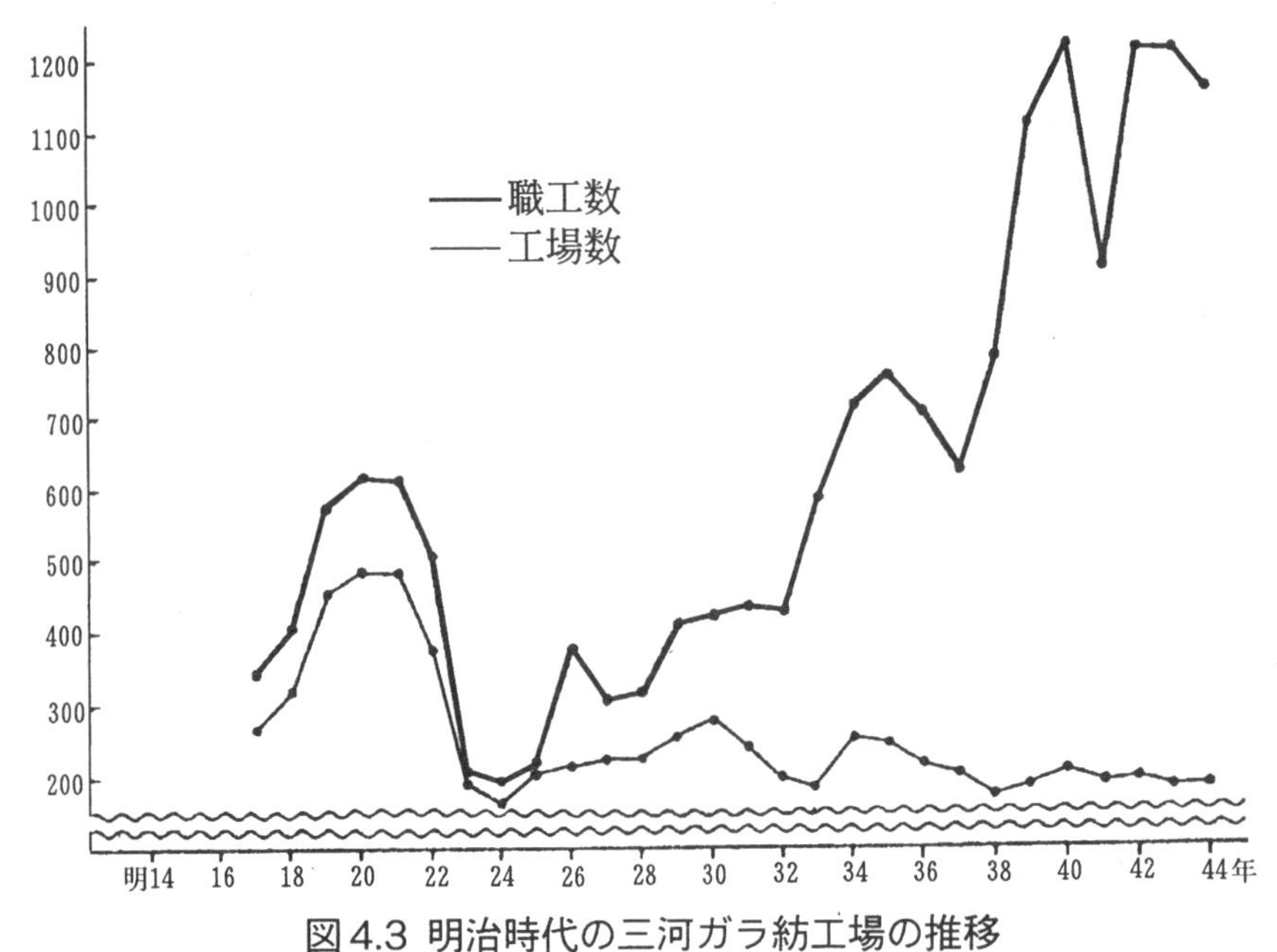


図 4.3 明治時代の三河ガラ紡工場の推移
（17～25 年額田紡績調査による。26～44 年「三河紡績糸」による）

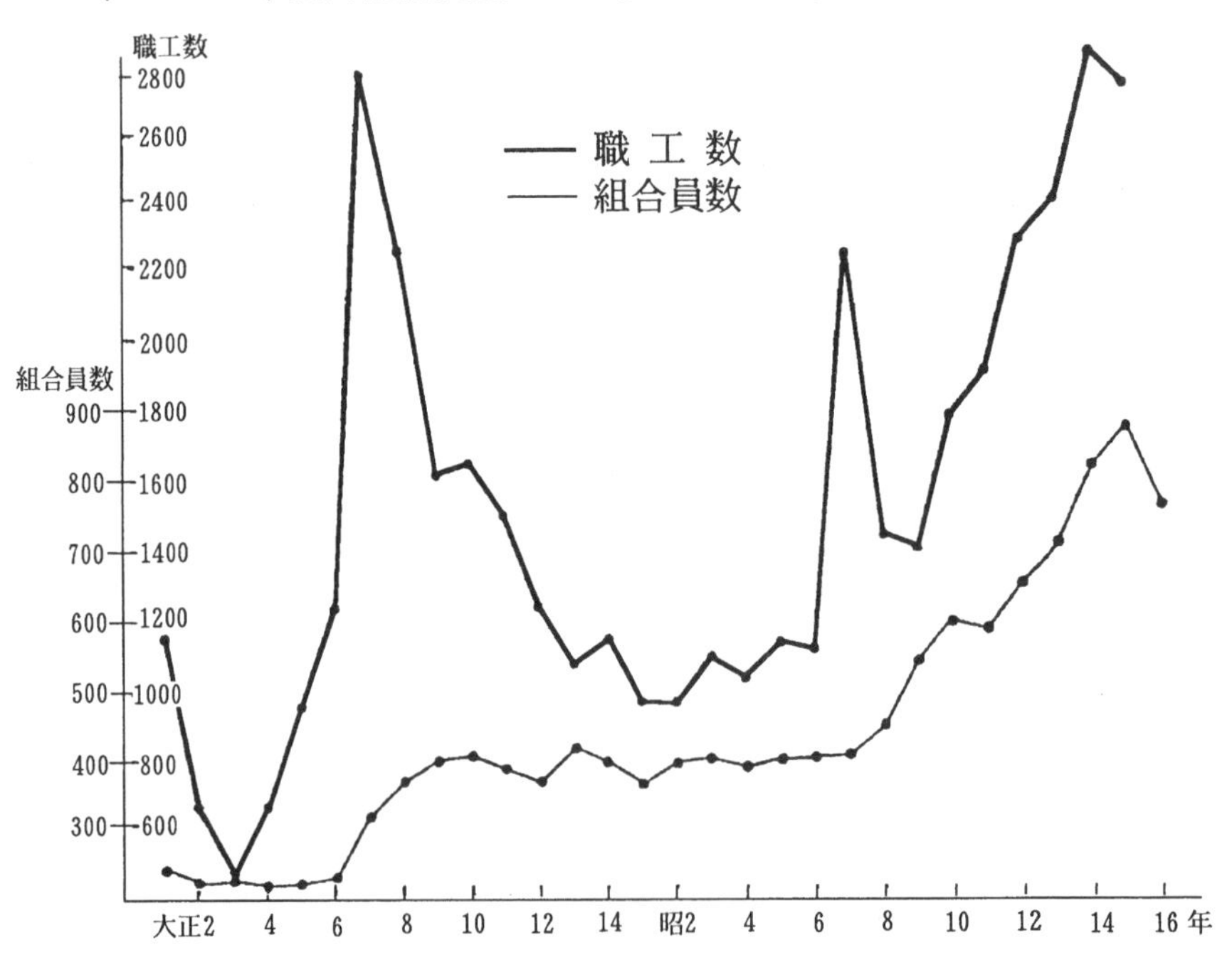


図 4.4 大正、昭和前期の三河ガラ紡の推移（「三河紡績糸」による）

隻へと増加していった。

次に、「水車紡・山のガラ紡」について触れれば、甲村滝三郎によって明治十二年（一八七九年）一月に六十錘のガラ紡機を運転したという話があり、また明治十年十二月に宮島清蔵が野村茂平次の水車の一部を借りてガラ紡を開始したという話とがある。いずれにしても明治十年〜十二年頃に三河地方で水車紡績が始まったのである。水車紡績の経営形態は、家主（水車の所有者）の水車と紡績機械を何人かで借用して賃借料を支払う集合型マニュファクチュアと、単独経営型の二つのタイプがあった。

その数は『三河水車紡績業に関する調査』（大正八年、臨時産業調査局編）によれば、大正初期には集合型が三百工場、単独経営型が百十六工場であった。その間、明治十七年に「額田紡績組」が設立され、水車紡績業者二百六十四名、錘数四万四千三百二十錘、年産六万二千三百十四貫と記録されている。明治二十年には水車紡績業者四百八十三名、錘数十三万一千五百三十錘、年産三十万八千六百三十七貫（生産価額四十九万二千八百五十円）のピークに達した。その後停滞するが、明治二十五年頃から再び錘数・生産高は増加する。一方、舟紡績は明治三十年頃に最盛期を迎えるが、矢作川の流域には百隻ほどの舟を浮かべた舟紡績工場があったといわれる。舟紡績が完全になくなったのは昭和九年（一九三四年）のことであった。

このように、ガラ紡は明治二十年代前半をピークとして次第に衰退の傾向を辿るが、それは外国からの技術導入による政府指導型・西洋式紡績からの圧迫によるものであった。しかし、明治二十二年の中野清六による発明・天秤機構の調節機（糸の太さを調整するために、原料の綿を詰めた筒・壺の重量変化に対応して天秤を調節する）が追加され、ガラ紡機・臥雲機の能率は改善され、紡糸の品質も一層向上した。西洋式紡績工場と違って、安い原料の落綿（くず綿）などを使用してコストの安い紡糸を生産することに活路を開拓して工場生産は継続された。その意味で明治二十三年（一八九〇年）以降は西洋式紡績業の補助的なものであったとする見方もあるが、依然としてガラ紡糸独特の分野（綿毛布などの太い糸）を開拓したのである。

## ガラ紡の盛衰・戦争の時代

大正時代は産業界の不況に遭遇したが、大正三年の第一次世界大戦以降は再び上昇を続けたのである。しかし、大正時代は水力発電エネルギーが工場動力として導入され始めた。大正八年の岡崎電燈株式会社の営業報告によれば、紡績の電動機・モータは十一個、六十馬力とあり、昭和五年（一九三〇年）には三河ガラ紡績の合計工場数五百六十三工場、生産額二百六十五万円（このうち岡崎市は工場数二百八工場、生産額百七十五万円）と記録されている。この数字をもとに筆者はここで計算してみたが、工場数では三六・九%、生産額では六六・〇%を岡崎市の企業が占めるようになった。岡崎市にガラ紡績の中心が移ったことが窺われる。

昭和十五年（一九四〇年）頃の戦争の時代には、三河ガラ紡工業組合の傘下工場における工場動力エネルギーは電力七五・六％、電力・水力併用一〇・八％、水力一三・六％と電力に移行している。しかし、この段階でも水車工場二四・四％が存在していることは、ガラ紡機の特徴である低速回転によって糸を紡ぐからであろうか。ちなみに日中戦争から太平洋戦争の時代には三河地方の工場のうち、工場規模五千錘以上を設備するもの十四工場（一・九％）、それ以下の工場は七百三十四工場（九八・一％）であった。しかも一千錘以上三千錘未満の工場数四百二工場（五三・七％）の中小企業が占めている。それに続いて五百錘以上一千錘未満の工場数二百五十工場（三三・四％）である。このことは前述した水車エネルギーを利用した中小企業の経営形態を維持しながら、戦争の時代を生き抜けたガラ紡績の生命力にあるように思われる。

戦時中には繊維資源・原料が次第に不足してきたので、繊維産業の統制が強化された。その中でガラ紡は落綿・くず綿を原料としていたから、一時、統制の枠外におかれ、力強く生産を続けて全国的に盛んになっていった。全国的な数字によれば、昭和十一年に約八十五万錘であったものが、昭和十六年には百七十三万七千錘というから、この五年間に約二倍に増加した。この時期にガラ紡は、明治期と同様に、再び全国的な花形産業としての地位を回復した。

明治時代のそれは明治維新後の貧乏から民衆の生活を豊かにするためであったが、戦争の時代のそれは窮乏に耐えるためのものであった。その意味では貧乏とガラ紡は共存しているようにも思われる。しかし、よく考えてみれば、その本質にはどのような原料でも良い糸に紡ぐ・仕上げるという、ガラ紡のもつ原理的な技術に起因しているのであろう。この点は世界の発展途上国でも参考になる貴重な技術ではないかと考えている。

戦争の時代の統制について少し触れれば、昭和十三年三月一日に綿糸の切符制度「綿糸配給統制規則」が公布施行された。これによって、輸出向以外の織物業者は、割当票と引き換えでなければ綿糸を買うことができなくなった。しかし「ガラ紡糸ハ綿糸ニアラズ」として、「綿糸配給統制規則」の統制外の糸として取り扱われた。したがって繊維市場を自由に取引される運命に恵まれた。

その理由に関係ある綿糸の定義として、当時の商工省繊維局長・美濃部洋次の見解は次の通りである。「法律的に言えば綿糸とは棉花をもって紡績した糸のすべてを包含するを妥当とする。従って紡績会社の落綿を原料とするガラ紡糸を包含するを妥当とする様にも思われるが、ガラ紡糸は屑糸をもって製造するものであり、必ずしも綿糸というを妥当としない」ということであった。このような理由で統制外になったガラ紡糸は全国的に人気の的となった。ちなみに価額はガラ紡糸十貫当たり三十四、三十五円のものが七十、八十円に高騰するほどであったといわれている。工場数が急増したことは勿論である。三河ガラ紡糸工業組合の統計によれば、昭和十二年（一九三七年）には組合員数六百三十八名、職工数二千二百五十五名、設備錘数七十四万七千六百七十八錘であったものが、昭和十五年（一九四〇年）には組合員数九百二名、職工数二千七百六十名、設備錘数百万六千二百八錘へと増加した。その倍率を計算してみれば、組合員数一・四一倍、職工数一・二二倍、設備錘数一・三五倍の数字になる。

この時期を経て、昭和十六年四月二十三日付で公布された商工省令第三十號「ガラ紡糸ノ引渡制限ニ関スル件」によって、これまで全国市場で自由に取引されてきたガラ紡にも統制制限が加えられた。さらに昭和十七年十二月二十六日付商工繊維局長並びに企業局長連名の地方長官宛の通牒「ガラ紡績業者ノ企業整備統合ニ関スル件」の示達に沿って、日本ガラ紡機設置錘数百七十五万二千余錘の約三〇％に相当する五十七万二千錘を整理し、業者数九百四十一名中四百四十八名を転廃業することになった。整理されたガラ紡機の一部は当時のビルマ、ジャワ、セレベス、スマトラ、上海方面へ約二十五万錘が技術転移されたといわれている。

このように、統制はますます強化された。組織的にも日本ガラ紡糸統制株式会社（原料の一手購入、業者の賃加工によりガラ紡糸を製造し、一手に販売する機関）、日本ガラ紡糸工業組合（原料及び生産割当、検査等の統制行為をする機関）、日本ガラ紡糸商業組合（ガラ紡糸の販売機関）、日本ガラ紡絹糸商業組合（ガラ紡絹糸の販売機関）があった。この四つの上部統制機関を発展的に改組して、昭和十九年七月十八日に日本ガラ紡糸統制組合に統合された。これによってガラ紡糸の製造販売に関する一切の業務が政府の管理下におかれていくが、その翌年、昭和二十年八月十五日に日本は敗戦を迎えることになった。

## ガラ紡の盛衰・戦後の時代

敗戦によって、戦争時代のモノ不足を超えて、日本および日本人を物心両面からドン底の状態にしたのであった。筆者は十五歳のとき敗戦に遭遇した。当時は長野県立屋代中学校（現、屋代高校）に在籍していたから、信州と灰燼に帰した東京・名古屋・広島・長崎などとを比較すれば、雲泥の差といってよい。多感な青春時代を戦後の復興とともに生きてきたのである。この時代の衣食住の問題について、今日の平和で豊かな時代を生きる若者には想像することも無理であろう。

敗戦後の衣料不足を改善し、支えてきたものはガラ紡の技術であったように思われる。それは繊維の再生にも役立つ優れた技術であり、今日的表現をすれば資源のリサイクルでもあった。簡単な機械設備によって、糸を紡ぐことができるから、再び見直され、脚光を浴びて「糸へん景気」の原動力となったのである。「和紡」とか「ガラ万時代」、「ガチャ万時代」とかいわれたのもこの時期であった。「ガラ万・ガチャ万」とはガラ紡機をガチャと回せば何万円という大金が転がり込んできた頃を象徴したものであろう。昭和二十三年末から、戦争中に軍事産業へ転換していた大規模繊維会社が元の繊維産業を復活しはじめたので、ガラ紡の需要も減少してきた。そのころに消え去ったガラ紡工場の経営者もかなりあった。

その時期までのガラ紡業界をめぐる行政面の変遷について少し触れておきたい。敗戦直後の昭和二十年十月には「繊維等配給統制規則」が廃止された。したがって、戦時下の統制団体の改革が行なわれ、昭和二十一年四月に日本ガラ紡糸統制組合に代わって、日本ガラ紡経済組合がその業務を代行することになった。昭和二十一年八月六日、占領軍は覚書をもって、統制令の廃止と政府の配給機関並びに特殊工業に限って、所要の機関を設立することを認可した。九月に法律第三二二号により「臨時物資需給調整法」が施行された。昭和二十一年十月には内閣訓令により「指定生産資材割当手続規程」を決定した。生産資材の割り当ては、日本経済の再建のために、公正な分配を確立するねらいがあった。

翌年、昭和二十二年一月に閣令第一号により「指定生産資材割当規則」が制定された。二月には閣令第六号「臨時建築等制限規則」が公布され、繊維機械設備には戦災復興院総裁の許可が必要となった。九月十日、商工省第二三号「指定繊維資材配給規則」、第二五号「衣料品配給規則」、第二六号「衣料品切符規則」、九月二十日「重要物資輸送証明規則」など様々の規則が実施されていった。この年の五月に、日本ガラ紡経済組合に代わって、日本ガラ紡績工業協同組合が組織された。これは組合員の緊密な協力とともに、事業の改善・合理化などを目的とするものであった。

昭和二十三年頃のガラ紡の減少期のあと、昭和二十五年の朝鮮動乱を契機に再び増加の傾向を辿ったが、昭和三十五年をピークにガラ紡は衰退の傾向をもつことになった。このことを三河地方・愛知県において、明治時代からのガラ紡工場が現在も稼働している豊田市大内町周辺に目を向けて概観しておきたい。かつて、昭和五十一年（一九七六年）に筆者が大給城跡を訪ねたときには、松平町大内であった。それが今では豊田市大内町の名前に変わっている。近くには徳川家康の先祖の地、松平発祥の地、松平村があった。どのような理由があったか知らないが、地名の変更には歴史的なものを大切にする気持ちが欲しいように思った。ところで、ここに『松平町誌』（昭和五十一年発行、豊田市教育委員会）という本があるので、これを参考にしてガラ紡の推移を改めて眺めてみたい。

昭和三十三年には日本和紡績組合が設立された。前述した日本ガラ紡績工業協同組合を時代に対応した名称に変更したのであろうか。大企業の復活、輸入自由化などの経済状況の変化がガラ紡績業に危機的状況を与えた。これを解決する方策として、自主的な生産調整をはかることになり、設備の新設を禁止した。このころ岡崎周辺には一千七百九十九名の業者がおり、設備台数四千百八十台（錘数百七十一万三千二百錘）であった。生産調整のための封緘は百錘のものは控除して当初三五％を実施したが、昭和三十四年には一度解除、翌年・三十五年には二〇％とした。

「三河ガラ紡糸工業組合員」の表札など

図4.5

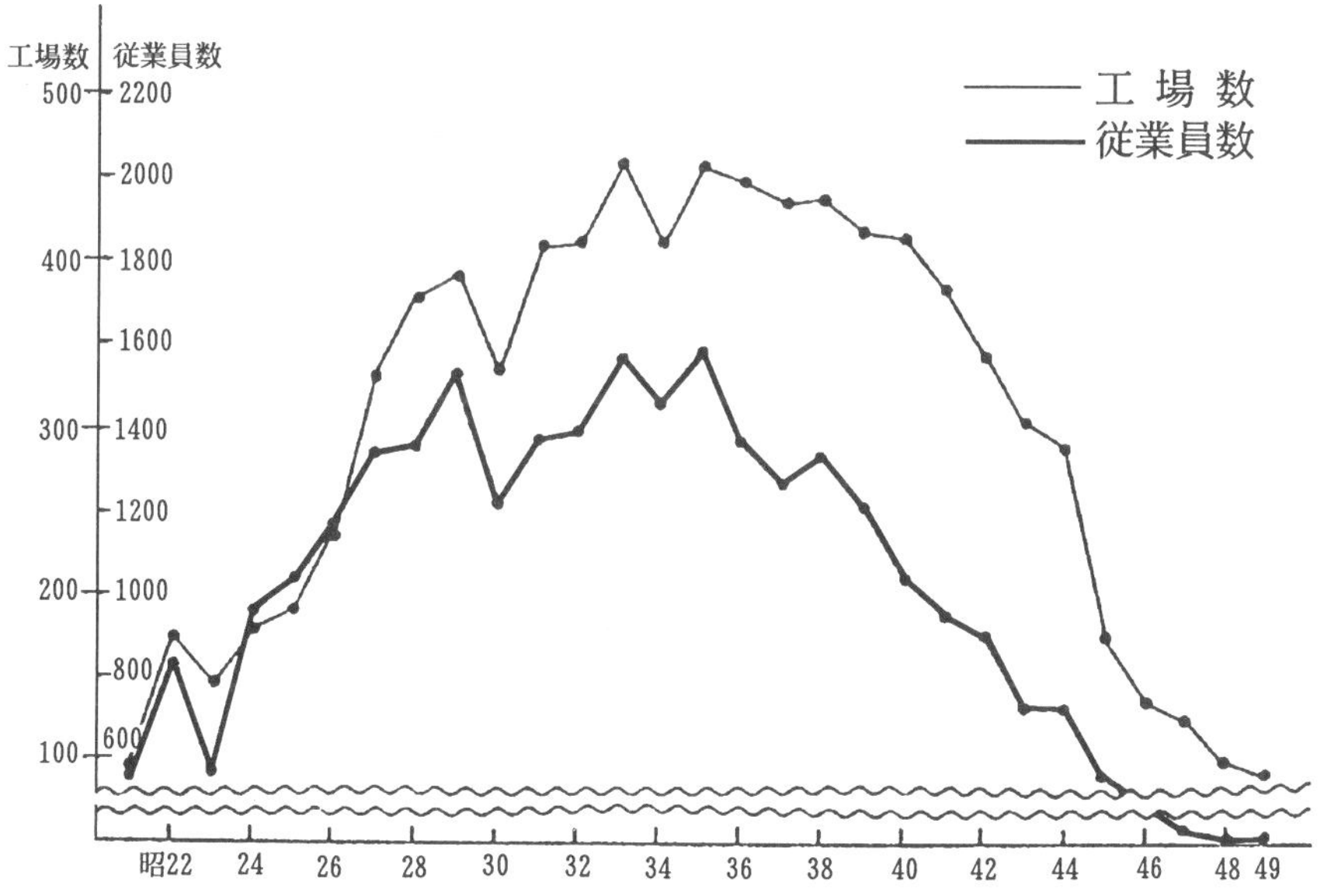


図4.6 戦後の松平地方のガラ紡（愛知県統計書による作成）

## ガラ紡の盛衰・豊かな時代

この時代の変化は図の折れ線グラフからも明瞭に読み取ることができる。昭和三十五年（一九六〇年）をピークに工場数、従業員数ともに減少していくが、急激な下降線になるのは輸出花形産業の自動車産業の好況が大きな影響を与えているように思われる。自動車産業はこの地方に進出し、若い労働力を吸収した。そして地名まで影響を与えて、伝統的なガラ紡を衰退させてきたが、エコロジーの視点からみて将来どのようになるのであろうか。国際的な経済摩擦を引き起こすほどの量的拡大とＧＮＰの増大は、国民の消費生活を便利さの追求ばかりに走らせてしまった。自動織機の発明家・豊田佐吉の技術思想の原点を忘れてはならないように思われる。

ちなみに、豊田佐吉の自動織機発明の特許料十万ポンドがイギリスから届いた。この特許料がそっくり自動車研究開発費に当てられたといわれている。臥雲辰致は生涯を通じて特許料の恩恵に浴することはなかったが、豊田佐吉は幸運であった。このころの発明家の番付では『當世百番附』（大正七年五月発行）によれば、臥雲辰致は東の前頭筆頭であり、西は高峰譲吉が対応している。豊田佐吉は前頭十七枚目、パールの御木本幸吉は前頭二十枚目に位置しているのも面白いが、この段階では臥雲辰致は豊田佐吉よりも遥かに上位を占めていたのであった。こ

# 發明家番附

**後見**
- 飛行機 林口萬次郎
- 飛行機傘 城川星心
- 飛行船 山田猪三郎

**行司**
- (飛行器操縦器) 園田武彦
- (水雷防禦網) 島本佐一

**勸進元**
- 無線電話機 鳥潟右一
- 水陸安全航空船 齋藤嘉三朗

| | | | | | |
|---|---|---|---|---|---|
| 横綱 | (火薬) | 下瀬雅允 | 横綱 | (地雷火) | 久保富義 |
| 大関 | (汽船) | 伊藤勇治郎 | 大関 | (投彈器) | 名取治平 |
| 関脇 | (紙製電管) | 佐木壽人 | 関脇 | (鐵砲) | 有坂成章 |
| 小結 | (電氣機) | 淺野博士 | 小結 | (發動機) | 伏田清三郎 |
| 前頭 | (製糸機) | 臥雲辰致 | 前頭 | (化學藥品) | 高峰讓吉 |
| 同 | (航空艇) | 井崎福太郎 | 同 | (軍器) | 白峰駿馬 |
| 同 | (無線電信機) | 木村駿吉 | 同 | (無線軌道) | 高松海治 |
| 同 | (電動耕作機) | 糸井正信 | 同 | (機械) | 仁科遠平 |
| 前頭 | (竹編製電燈器) | 森田新太郎 | 前頭 | (方位測用辟彈器) | 高崎熊次郎 |
| 同 | (紡績機) | 野澤恭次郎 | 同 | (モーター) | 岸敬次郎 |
| 同 | (ポンプ) | 井上博士 | 同 | (心臟病新藥) | 渡邊政次郎 |
| 同 | (乾電池) | 屋井鐵藏 | 同 | (電機器) | 吉川直次郎 |
| 同 | (漁網) | 宮原博士 | 同 | (不要電池) | 茂手木啓藏 |
| 同 | (乾燥器) | 御法川直三郎 | 同 | (推進器) | 深川文平 |
| 同 | (力織機) | 齋藤外市 | 同 | (檢波器) | 鳥潟右一 |
| 同 | (成形品) | 野澤恭次郎 | 同 | (防腐劑) | 志賀泰山 |
| 同 | (顯微器) | 原一雄 | 同 | (注射器) | 生木仙之助 |
| 前頭 | (蓄音器) | 服部金太郎 | 前頭 | (印刷器) | 後藤鐵五郎 |
| 同 | (七寶燒) | 濤川惣助 | 同 | (ガラス) | 島田孫一郎 |
| 同 | (センマイ) | 欄木松太郎 | 同 | (絹紡) | 三谷有信 |
| 同 | (織機) | 豐田佐吉 | 同 | (モスリン) | 岡村千代藏 |
| 同 | (塗料) | 清水鎭次郎 | 同 | (樂器) | 葉山寅楠 |
| 同 | (織物) | 坂根精一 | 同 | (陶磁器) | 加藤助三郎 |
| 同 | (眞珠養殖) | 御木本幸吉 | 同 | (救命器) | 今泉辰次郎 |
| 同 | (人力車) | 秋葉大助 | 同 | (調帶) | 新田長次郎 |
| 同 | (段通) | 藤本莊太郎 | 同 | (久留米絣) | 本村庄平 |
| 同 | (ペイント) | 茂木重次郎 | 同 | [illegible] | 河合林三郎 |

図4.7 『当世百番附』（大正七年・1918年発行）

の話はこの程度に止めて次に移ることにする。

敗戦後四十年以上も過ぎて昭和時代も終わり平成時代の昨今、豊かな時代といわれて、衣料品は化繊の利用と高級化の傾向を次第に強めてきた。敗戦後の復興を支えてきたガラ紡糸の需要が減少する時期に、ガラ紡業者の中には特紡といわれる分野へ転進を図ったものもあった。それは化学繊維を混紡して糸を紡ぐことができるので、従来のガラ紡に比較すれば、生産能率を約十倍以上あげることができた。軍手などの繊維類はこの特紡に属するものである。生産能率の向上はコストを下げ、安価な強い糸を機屋へ供給することになった。

この段階ではガラ紡の糸の特徴ともいえる柔らかい繊維、人に優しい風合いを与える繊維は強い繊維の前に後退させられたのであった。愛知県の松平地方では農工兼業型の家がほとんどであり、工業はかつてガラ紡であったが、今日では自動車関連産業の会社に若者が勤務するか、その下請け的な仕事をするか、その農工兼業のスタイルがガラ紡の全盛時代と変わってきた。

したがって、現存するガラ紡工場は自由業的経営形態として、家内工業的に年寄りによって維持されているように思われる。しかし、地球の環境破壊が進行していく時代に、将来を展望して資源不足や衣料不足に対応できる技術はガラ紡の技術以外にはないようである。困ったときに役立つ神様のような技術がガラ紡の技術であった。すでに書いてきた明治時代、戦争の時代、敗戦後の時代、すなわち明治・大正・昭和・平成へと十九世紀から二十一世紀へ向けて、ガラ紡の盛衰の歴史が証明していることである。現状ではガラ紡の糸を細々と紡いでいるが、エコロジー時代へ向かって資源のリサイクルを考えれば、この技術保存は二十一世紀へ向けてますます重要な課題であるように感じている。

| 年号 | 西暦 | 事　　　　歴 | 年齢 | 時　　勢 |
|---|---|---|---|---|
| 明治13 | 1880 | 明治天皇陛下山梨三重京都御巡幸の途中に松本において臥雲機を天覧<br>連綿社東京支店を閉鎖、年末に連綿社を解散 | 39 | この年から明治17年にかけて次第に10基紡開始 |
| 明治14 | 1881 | 第2回内国勧業博覧会に遅れて綿糸紡績機械を出品、進歩二等賞を受賞、博覧会のあと佐野常民や大森惟中の援助により東京に滞在してガラ紡機を改良 | 40 | 第2回内国勧業博覧会 |
| 明治15 | 1882 | 松本の旧連綿社の工場内に居住、ガラ紡機の改良につとめる、藍綬褒章受賞 | 41 | 上野博物館開館<br>桑原紡績所設立 |
| 明治16 | 1883 | 水車動力を利用した臼場と紡糸場を百瀬軍次郎と共同経営 | 42 | 宮城紡績所設立 |
| 明治18 | 1885 | 松本の女鳥羽川の水害により上記の水車場破損、その後100円で売却 | 44 | 専売特許制度制定<br>内閣制度制定<br>名古屋紡績所設立 |
| 明治21 | 1888 | 三河地方の「額田紡績組」から招請を受け、技術指導に赴く、ガラ紡機の改良につとめ甲村滝三郎・武居正彦とともに特許出願 | 47 | |
| 明治22 | 1889 | 特許証第752号（綿糸紡績機）を受ける | 48 | 帝国憲法発布 |
| 明治23 | 1890 | 第3回内国勧業博覧会に測量機械・綿紡機械・機杼機械・蚕網織機械を出品、蚕網織機械は三等有功賞となる | 49 | 第3回内国勧業博覧会 |
| 明治24 | 1891 | 7桁計数器など考案<br>蚕網織機械を製造販売 | 50 | |
| 明治31 | 1898 | 特許証第3155号（緅織機）を受ける | 57 | 長野電灯開業 |
| 明治32 | 1899 | 胃病にかかり闘病 | 58 | 松本電灯開業 |
| 明治33 | 1900 | 6月29日に死去 | 59 | 諏訪電気開業<br>飯田電灯開業 |

## 臥雲辰致・年譜

| 年号 | 西暦 | 事　　歴 | 年齢 | 時　　勢 |
|---|---|---|---|---|
| 天保13 | 1842 | 信濃国安曇郡小田多井村に横山儀十郎の二男として生まれる　幼名は栄弥 | | |
| 嘉永 3 | 1850 | 寺子屋で読書習字を学ぶ | 9 | |
| 嘉永 6 | 1853 | 家業の足袋底・綿紡糸製造を手伝い近隣の村をまわる | 12 | ペリー来航 |
| 安政 2 | 1855 | 綿紡機の考案に熱中するが実用的なものは開発できなかった | 14 | |
| 万延 1 | 1860 | 工夫改良した機械を大工に依頼して試作、実験の結果失敗 | 19 | 井伊大老暗殺される |
| 文久 1 | 1861 | 安楽寺・智順和尚のもとに弟子入り、智栄と名乗る | 20 | 皇女和宮が14代将軍家茂へ降嫁 |
| 慶応 3 | 1867 | 臥雲山孤峰院の住持となる | 26 | 大政奉還<br>パリ万国博覧会<br>鹿児島紡績所創設 |
| 明治 4 | 1871 | 廃仏毀釈により臥雲山孤峰院廃寺、還俗、臥雲辰致と改名して出直す | 30 | 廃藩置県、郵便開始<br>富岡製糸場創設 |
| 明治 6 | 1873 | 最初のガラ紡機を開発 | 32 | ウィーン万国博覧会 |
| 明治 9 | 1876 | ガラ紡機を改良、松本の開産社内の連綿社において製造、第1回内国勧業博覧会のための「自費出品願」を長野県へ提出 | 35 | |
| 明治10 | 1877 | 第1回内国勧業博覧会へ綿糸紡績機械出品、鳳紋褒賞を受賞、好評を博して全国的に普及、連綿社東京支店を開設 | 36 | 西南戦争<br>第1回内国勧業博覧会 |
| 明治11 | 1878 | 山梨県、石川県、富山県などに連綿社支店を開設、明治天皇陛下北陸東海両道御巡幸の際に長野において綿糸紡績機械を天覧 | 37 | 工部大学校開校<br>大久保利通暗殺される |
| 明治12 | 1879 | 松本の連綿社本社を改組、 臥雲機の製造販売を継続 | 38 | 教育令制定 |

## 主要参考文献

榊原金之助著『ガラ紡績業の始祖　臥雲辰致翁傳記』（昭和二十四年発行、愛知県ガラ紡績工業会）
村瀬正章著『臥雲辰致』（昭和四十年発行、吉川弘文館）
『現代日本産業発達史』総論（昭和四十二年発行、現代日本産業発達史研究会）
玉川寛治「がら紡精紡機の技術的評価」（『技術と文明』第4冊3巻1号、一九八六年発行）
『講座　日本技術の社会史』（一九八六年発行、日本評論社）

国立公文書館所蔵史料
『明治十年内国勧業博覧会出品解説』
『明治十年内国勧業博覧会報告書』
『明治十四年第二回内国勧業博覧会報告書』
『第二回内国勧業博覧会審査評語』
『明治二十三年第三回内国勧業博覧会審査報告』
『第三回内国勧業博覧会褒賞薦告文　下』
『第三回内国勧業博覧会出品目録』など

長野県教育委員会所蔵史料

『第三回内国勧業博覧会出品解説書』

『長野県公文編冊及び行政資料』のうち「明治十年内国博覧会ニ関スル部」など臥雲辰致に関する史料

岡崎市郷土館所蔵史料

『臥雲辰致関係資料』

『南安曇郡誌』（大正十二年発行・旧版、昭和四十六年発行・新版）

『松本市史』（昭和八年発行）

『信濃御巡幸録』（昭和八年発行、信濃毎日新聞社）

『松平町誌』（昭和五十一年発行、豊田市教育委員会）

『波田町誌』（昭和六十二年発行、波田町教育委員会）

『堀金村誌』（平成四年発行、堀金村教育委員会）

小玉正任著『公文書が語る歴史秘話』（平成四年発行、毎日新聞社）

細萱邦雄著『蚕網ものがたり』（平成四年発行、長野県企画）

# おわりに

本書『発明の文化遺産―臥雲辰致とガラ紡機―』はガラ紡の優れた技術の再評価、技術保存、国際性をもつ英文目録の名前「GAUN　TOKIMUNE」の正しい呼び名のルネサンスなどのために書いてきた。そして昨今のエコロジー時代に直面して、「和布」のふきんの効用とともに、資源の再利用・リサイクル問題を考えるとき本当の技術に違いないと考えている。過去の歴史の中で、資源のない時代を十九世紀から二十一世紀へ向けて衣食住の衣の問題を立派に支えてきた実績のある技術でもあった。それを現代人は忘れかけているのではないか。この技術の保存問題を筆者が提唱する理由は、二十一世紀に地球上の何処かの国で、この技術を必要とするときがくるからである。

ついでに、「和布」について少し触れておきたい。民俗学者の柳田国男著『木綿以前の事』（岩波文庫）の29ページに『上古の言葉で「和布」「麁布」と書いてニギタへ・アラタへの麁布もフヂで作ったものだということが判る』と書いている。藤の皮で作った布に「和布」という文字を使ったのは恐らくこれが最初のものであると思われるが、これを柳田国男は「わふ」か、「わぬの」か、何と発音したか不明である。

ガラ紡の技術保存に情熱を傾けている朝倉照雅氏は商標登録「WATAHU」(和太布・わたふ)を取っている。また、環境問題・エコロジーに取り組んでおられる医学博士・小林勇著『恐るべき水汚染』(一九八九年九月一日発行、合同出版株式会社)の「第10章　水をよみがえらせるために」の中で「台所で洗剤を使わない。家庭の食器洗いには、合成洗剤が当たり前のように使われています。洗剤も家庭雑排水の中で、BOD、CODの多くの部分を占めるとともに…………洗剤を使わなくても「朝光テープ」(愛知県豊橋市瓦町一一三)で作っている古い伝統のある「和布」を使うと、食器類の汚れはすべて取ってくれて………」と書いているが、小林勇氏が講演の中で「和布」を「わぬの」と発音したのが最初のようである。

この「和布・わぬの」について朝倉照雅氏の提案によって、小林勇氏が最近、商標登録をした。平成四年九月に商標登録「わぬの」が特許庁から許可されている。昨今「和布」のふきんと称する中国製のニセ物商品が出回り始めたが、商標登録に注意されたい。本物とニセ物の違いは手で触れた感触が全然違っている。ニセ物の感触は軍手の繊維の質感に似ているものが多いのである。綿・わたのように、ふっくらとした感触が本物の和布といってよい。

ガラ紡は本来、人に優しい繊維であるが、和布のふきんのような効用を生かし地球を汚染から守ることもできる。生活に密着した優れた商品開発によって、世界に類のない独特の紡績技術を保存する必要があろう。技術保存の一つの方法として提案しておきたい。かつて三河地方に発達したガラ紡績を保存するために、臥雲辰致の生まれ故郷・長野県南安曇郡堀金村へ復活させることである。水と緑の美しい安曇野を流れる潅漑用水・拾ヶ堰（じっかせぎ、文化十三年・一八一六年に完成）の水の流れを利用して水車動力のクリーンなエネルギーを復活させ、それによってガラ紡機を運転・見学できるように動態保存するのである。

たまたま平成六年（一九九四年）六月、名古屋市（豊田自動織機製作所・栄生工場、名古屋市西区則武新町四丁目一番三十五号）に開館される「産業技術記念館」には豊田佐吉の偉業とともにガラ紡機も展示される。また平成六年三月、愛知県立豊橋工業高等学校の石田正治教諭によって復元設計（明治十年内国勧業博覧会出品のもの）された臥雲辰致のガラ紡機が完成し、安城市歴史博物館に所蔵されている。臥雲辰致のガラ紡績の技術に今日のコンピューターの技術を応用すれば、どれほど違うのであろうか。この点は信州大学繊維学部・機能機械学科の工学博士・中沢賢教授が中心になって研究されている。このことは本文に触れてきた通りであるが、現在進行中の「国営アルプスあづみの公園」構想の中に世界に誇れる産業技術遺産の保存を組み込むことも大切な課題であろう。

本書『発明の文化遺産―臥雲辰致とガラ紡機―』の刊行にあたり、国立公文書館、博物館明治村、岡崎市郷土館など史料調査の段階から関係各位に格別のご協力を頂いたことと出版社の株式会社アグネ技術センター社長・長崎誠三氏など多くの方々のご援助に対して、心から感謝の意を表する次第である。

北野　進

# 増補の章　臥雲辰致を支えた人々

## 履歴書の行間をつなぐもの

本書の72～74ページの図版・履歴書（岡崎市郷土館から岡崎市美術博物館へ移管・保存）の中に書かれている幕末から明治初期の約十年間の史実を裏付ける史料が乏しかった。

履歴書によれば「慶応三丁丑年同郡烏川村臥雲山孤峰院ノ住職トナル時ニ年二十六才明治四辛未年旧藩主ノ勧誘ニヨリ帰俗シ姓名ヲ臥雲辰致ト改メ居ヲ烏川村ニ定メ再ヒ紡糸機械製造ニ従事シ初メテ太糸機械ニ成功ス太糸ナルモノハ足袋底ニ用ユル品ナリ同六癸酉年地租改正ニ付実地調査ノ際測量器ヲ作リ望人ノ需ニ應セリ同八乙亥年官ニ請願シテ紡績機械専売免許ヲ求ム處未タ其法備ラサルヲ以許スニ公賣ヲ以其年本縣下東筑摩郡波多村ニ移轉ス」と記されている。

要約すれば、慶応三年に烏川村の臥雲山孤峰院の住職となり、時に二十六歳であった。明治四年に旧松本藩主の勧誘・廃仏毀釈によって還俗し、臥雲辰致と改名した。住所を烏川村に定めて再び紡糸機械の製造・開発に従事した。そして初めて足袋底用の太糸を製造できる機械の開発に成功した。明治六年に地租改正に関連して、実地調査のための測量器をつくり、希望者の需要に応えた。明治八年に官庁に請願して紡績機械の専売免許を求めたが、法律制度が完備されていないので、公売を許されたのである。その明治八年に東筑摩郡波多村に住所を移転したと読み取れる。

履歴書の行間を丁寧に読み返せば、明治四年の廃寺は旧松本藩主・戸田光則の勧誘で簡単に整理できる仕事ではない。これに地元の大庄屋・山口家も協力した。本書の67ページの「安曇野を訪ねて」の冒頭に触れたウォルター・ウェストンの著書『日本アルプス　登山と探検』には、常念岳登山のとき山口家に泊まった史実がある。その山口家大庄屋の当主・山口吉人と波多村の戸長・武居美佐雄（息子が武居正彦）とは親戚関係にあることが確認された。二〇一五年に発足した「臥雲辰致を学び顕彰する会」の会議において、武居正彦の曾孫にあたる武居利忠（松本市波田）によって紹介され、臥雲辰致と武居正彦との関係も次第に見えてきた。

さて、臥雲辰致が明治四年の廃仏毀釈による坊主廃業後に再出発した発明の初期から、専売特許や特許証の取得のための協力者・武居正彦の存在を洞察することができる。武居正彦は臥雲辰致より六歳年下であったが、平田（篤胤）学派の門人姓名録（文久二年・一八六二年）に記録されている十五歳の青年、武居領之助（正彦）であった。そんな関係からか、明治初期に中村正直が翻訳した『西国立志編』（サミュエル・スマイルズ著『Self・Help』）を読んでいた史実も確認された。

訳者の中村正直（号は敬宇）は幕府の昌平黌・学問所の教授であったが、幕末の慶応二年、三十四歳のときイギリスに留学した。留学生十四人の青少年の最年長で自ら希望して留学した。幕末の風雲急を告げる時期に予定を変更して明治元年に帰国した。帰国後に手掛けた翻訳書『西国立志編』が明治四年に出版された。

武居正彦が『西国立志編』を読み、先進国イギリスの発明家の説話などの情報を臥雲辰致に話した時期は明治五、六年の頃と思われる。特に専売特許に関心を持っていたようである。

## 明治八年四月十日の古文書

二〇一六年九月三十日から十月三十日まで、『臥雲辰致「ガラ紡」展示会』が松本市「中町・蔵シック館」において開催された。これは臥雲辰致の孫にあたる臥雲弘安によって企画された。そこで公開された史料、古文書（安曇野市穂高、中島寛行所蔵）に私は注目した。
前項の「履歴書の行間をつなぐもの」に相応しい史料と言ってよい。その古文書は下書き草稿であるが、三枚にわたって墨書されている。ここでは紙幅の関係から最後の一枚を掲載する。
それによれば「期年ヲ限リ此機ヲ造リ過活セント欲スル者ヨリ必ス至当ノ謝金ヲ請ケ以テ臣歳月ノ疲弊ヲ補ハン事ヲ請フ誠恐誠惶頓首頓首
第九大区七小区　　安曇郡烏川村岩原

耕地　臥雲辰致　印　　明治八年四月十日　　筑摩縣権令　永山盛輝　殿」と記されている。

要約すれば、「期限を設けて、この機械を造り利益を得ようとする者から必ず謝礼金を払ってもらい、私の長年の苦労・努力に報われることをお願いしたい。誠に恐れ多く頓首頓首」と読み取れる。当時、臥雲辰致は三十四歳であった。その十年後の明治十八年、漸く日本において専売特許制度が制定されたのである。

本書の129～134ページに「特許出願のころ」として触れているが、武居正彦は特許出願に協力して貰える最適の人物であった。関係書類の筆跡から見ても武居正彦が書いたものである。専門家の鑑定を待つまでも無く、前掲の古文書の草稿は漢学や『西国立志編』の心得を身につけた武居正彦の文章と筆跡に違いない。この段階から特許に関する協力関係があったと考えてよい。

## 筑摩県権令　永山盛輝

松本を中心とする筑摩県は、明治四年（一八七一）の廃藩置県とともに伊那県が廃止となり、飛騨国（高山地方）と信濃国中部（筑摩安曇地方）と南部（諏訪伊那地方）を管轄する新しい県として誕生した。信濃国が長野県に、飛騨国が岐阜県に合併して筑摩県が廃止される明治九年まで五年間存続した。

期年ヲ限リテ此機ヲ造リ通宿セント欲スル者ヨリ少ノ至
當謝金ヲ請ケ以テ已ニ歳月ノ疲弊ヲ補ハン
ヿヲ請フ誠恐誠惶頓首頓首

第九大區七小區
安曇郡烏川村岩原耕地

明治八年四月十日　臥雲辰致印

筑摩縣權令永山盛輝殿

明治八年四月十日の古文書

永山盛輝は、その四年間に筑摩県のトップとして後世に役立つ多くの善政を実行した。臥雲辰致の発明をサポートした史実も甚大である。昨今の行政の先送りとは雲泥の差があり、着実に実績を重ねているように思われる。

永山盛輝は薩摩藩士・永山盛廣の息子として生まれた。幕末の戊辰戦争には東征軍の薩摩藩兵監軍として従軍した。明治維新後、大蔵省、民部省を経て、明治三年六月に伊那県へ出仕を命じられた。伊那県少参事心得となって、上伊那郡飯島町の伊那県庁に赴任した。前述した明治四年の筑摩県の発足により、新しい県の長官として松本の県庁へ旧伊那県の職員を引き連れて十二月に着任した。

新しい政策として教育を重視し、学校の創設と普及につとめた。明治五年二月に「学校創立告諭書」を示して、国家の富強や繁栄は人材の養成にあることを伝えた。また「学校入費金差出取計帳」をつくって、自ら率先して百円を記帳し、官民の有志の寄付金を奨励した。この行政指導のあり方が信州教育の基盤を強固なものにしたのであろう。初期段階では廃寺になった松本藩主の菩提寺・全久院を筑摩県学校とした。教師は旧高遠藩の儒者・中村元起などを招き、書籍・器械・教材・教具は松本藩崇教館、高島藩長善館、高遠藩進徳館、飯田藩文武所から集めて明治五年五月五日に開校した。

このような啓発や普及の結果、小学校が村々に行き渡った二年後の明治七年には筑摩県下の

松本城の手前、女鳥羽川（めとばかわ）・千歳橋（ちとせばし）
右岸に開産社・連綿社の紡績用水車、左岸に明治九年（1876）建設した開智学校

就学率は７２％（全国平均３２％）と格段の数値を実現したのである。

その翌年、明治八年（一八七五）十月に永山盛輝は新潟県知事に転勤するのであるが、明治四年から筑摩県参事、明治六年に権令（県知事）を務め、教育制度の推進、開智学校の建設準備、勧業社の設立から開産社（明治七年十二月に改称）などに貢献した。内務卿・大久保利通と同郷の鹿児島出身であり、産業振興には多くの力量を発揮したように思われる。松本城の手前、女鳥羽川・千歳橋を挟んで北側に開産社（連綿社の紡績用水車）、南側に開智学校（今は松本城の裏手、北の方角に移築され重要文化財に指定されている）が見られた。

## 開産社は勧業社からスタート

本書の９１ページの図版、開産社関係史料（長野県立歴史館に移管）の冒頭の文章は「該社ノ本旨タルヤ豫備ナクシテ凶荒ニ遇ヒ餒ヘテ溝壑ニ転シ寒ヘテ街衢ニ倒ル愁苦焉ヨリ大ナルハナシ……」と格調の高い文字と文章が記されている。要約すれば、備えなくして凶作に遭遇すれば、飢えて谷に転落する。寒くて街に倒れる。憂え苦しむこと、これより大きいことはないと読み取れる。このような漢学の心得を身につけた人物が永山盛輝の腹心にいた筈である。それは、伊那県から一緒に転勤してきた北原稲雄に違いない。開産社の初代社長をつとめた男である。幕末に水戸藩の天狗党が伊那周辺を通過する際に協力したといわれる。北原稲雄は平田（篤胤）学派に所属した人物でもある。ここで前述した武居美佐雄と武居正彦の親子も平田学派に関係していることを想起していただきたい。

さて、開産社の具体的な発足は明治七年十二月十日の改称通達から始まり、明治八年三月十五日に開社式が行われている。それまでの準備段階に勧業社というものが存在した。その名称、勧業社から勧業銀行を連想するが、勧業とは「農業・工業などの産業を奨励する」と理解している。本書に記述してきた「第一回内国勧業博覧会」（博覧会総裁は内務卿・大久保利通）の準備段階から、筑摩県権令永山盛輝が指揮をとって創設したものが勧業社であろう。

勧業社の設立の動きは明治六年代から始まっていた。窮民救済、殖産興業、産業振興などのために会社設立が企画された。明治六年十一月十六日に筑摩県下の三十大区（明治六年地租改正により行政区画変更）の区長（今の町村長）を招集して会議が行われた。翌日、大区長に勧業掛を命じて、発起人の役目を与えている。それに加えて、県庁職員の数名に運営と指導的業務を担当させている。このようにして県指導型の勧業社ができあがった。

設立の目的は窮民救済であり、困っている人への資金融資もあった。禄を失った人が土地を担保に融資を受ける。凶作や災害に対する資金援助、産業開発の資金などを年率１２％で貸し出している。当時、地域の五人組が協力して借りることもできた。

会社の資本金は権令（知事）はじめ県官（職員）や有志の拠出を積み立てている。「飢年ニ際シテ管内数万ノ人口一人トシテ餓死セザル」ように、「衆ト共ニ力ヲ協セ金穀ヲ蓄積」したいと永山盛輝は述べている。資金の一部として「政府へ還納スベキ金三萬八千余圓アリ之ヲ政府へ稟請シテ十ヶ年賦無利足拝借ヲ得」とあるから、この約四万円を無利子で資本金に追加している。備えあれば憂いなしを実行していた。

さて、「勧業社条例」について研究されたものは少ない。信州大学教授・有賀義人著『信州の啓蒙家　市川量造とその周辺』（昭和五十一年、凌雲堂書店）が手元にあるので、それを参考に少し触れておきたい。

「勧業社条例」の第一条は、前述した「豫備ナクシテ凶荒ニ遇ヒ……」と同じ文章で始まっている。第八条には「借人心得」がある。借りたい者は伍長に申談して「請人トナルベキヲ承諾」してもらい、その上にたって「村吏ニ申立」る。申立を受けた村吏は「其情状ヲ詳ニシテ願書ニ連印」して、その月のうち上の十日間の間に、願書を会社に提出する。そしてその月の下の十日間の間に「社ノ報知」を得て金を借受けることになっていた。そして借りた金は次のような事業を行うことに使用しなければならなかった。

第一　荒蕪ノ地ヲ拓キ桑、茶、楮、莨、藍、其他果樹等地味ニ応ジ之ヲ栽培スベキ事
第二　養蚕牧牛ヲ初メ、豚、鶏、家鴨ヲ盛大ニ蓄フ事
第三　新溜池ヲ築キ旱損ノ患ナカラシメ、且畑田成ヲ目論見可キ事
第四　山繭ヲ養フ事
第五　石炭ヲ鑿リ蒸気器械ヲ製シ、百工技芸ヲ起ス事
第六　薩摩芋、馬鈴薯等ヲ栽付ル事
第七　利器ヲ造リ善良製糸ヲナス事

以上のように限定された融資範囲の中で、第七が臥雲辰致の技術開発・発明に繋がるものである。臥雲辰致には簡単に金を借りることができない。担保をもつ協力者が必要であった。
勧業社の運営が軌道に乗った段階の明治七年十二月十日付で永山盛輝権令は「勧業ノ文字ハ官府ノ名義ニ触候ニ付、開産社ト改称候条、是亦為心得相達候事」という通達をした。これによって勧業社は開産社に発展的に解消して行くのである。このときに半官半民への大転換を開産社に期待されたかもしれない。それが臥雲辰致の発明を組織的に支援することに繋がったのであろう。開産社内に連綿社（紡績工場）を創業する道も開けた。

その一例として、当時の地方新聞「信飛新聞」の記事を紹介しておきたい。本書の9ページに明治九年五月十九日（金）の記事に触れてきたが、引用箇所を臥雲辰致の名前について「フスモタッチ」というルビの疑問に限定していた。今回の増補にあたって、改めてその記事を記録しておきたい。

「弊社第百二十三号ニ報ジマシタ四区波多村ニテ製木綿糸器械並ニ製布器械トモ発明ノ工夫ガイヨイヨ成功致シ、四、五日前ニ北深志町ノ開産社へ運搬シテ、該社ノ水車場、女鳥羽川ノ流レニ右ノ器械ヲ据へ、県官之ヲ五覧ナサレテオ誉メガアリマシタ。イヤ工夫エト云フモノハ恐ロシイモノデアリマス。東京王子ノ器械ナドトハ、至テ手軽デ、操綿ヲキリキリ糸ニ引出ス所ハ、サナガラ婦女子ガ糸繰車ヲ数十人並デ木綿ノ糸ヲ引出スヤウデ、又製布ノ器械ガ杼ヲ遣、梳紐ヲ打ツ仕掛ケ。マア能ク出来マシタ。此器械ノ発明人ハ県下九大区ノ臥雲辰致（フスモタッチ）サンデ、波多村ノ波多腰サンガ奮激カラ落成ノ果ガハヘマシタ。」と記されている。

新聞記事では「東京王子ノ器械」と比較したのは面白いが、本書の８４ページに記述した鹿島紡績所のイギリス製のことである。臥雲辰致の紡績器械が開産社に搬入され、広く一般から評価された。それを契機に、官民あげて協力して開産社の一角に連綿社を創設した。

## 連綿社

この会社は開産社内につくられた工場である。発明した紡績機械を使って製造業を開始した。本書の９４、９５ページに、明治十年九月九日付の「連綿社条約書」を図版で掲載し、続く９６、９７ページでは第三条について少しの解説を試みた。今回、第一条と第二条とを読み易く活字にしておきたい。

「第壱條　発明ノ事物ハ素ヨリ有形ノ物ヲ製造スル者ナレハ初ヨリ確然不動ノ目撃見据難シ然リ而シテ今ニ於テ同心協力シ共ニ永遠ノ幸福ヲ謀リ且以テ国益ノ一端ヲ為サント欲ス即チ眞ニ有志ノ集會ト謂フベシ然レハ以往會社ノ成敗ハ勿論一己一人上ニ付如何ノ事変之有モ其我意ヲ以テ會社ニ関係スル事ナク規則ヲ守リ臨時ノ事件ハ萬緒衆議討論〇〇迂遠ノ挙動ヲ為サズ且節倹ヲ守リ都テ實着ヲ踏ミ協力和睦ヲ旨トシ始終変異スル事ナク相共ニ盛大隆興ヲ誓フベキ事」

「第二條　太糸機械五個迅速整頓スベク然ル上ハ発明人並社員ノ中一名ヲ撰挙シ百般ノ事務ヲ管理シ會計ヲ明細帳簿ニ記載シ集會ノ時ハ必ス衆員ニ熟覧セシムヘキ事　但諸入費ハ都テ別取帳及ヒ出納帳等ヘ詳細記載シ計算判然スルヲ要スヘキ事」と記されている。

連綿社の工場経営の最初は、安曇平周辺の地場産業の足袋底製造の太糸を製造するために、五台の紡績機械・ガラ紡機を設置して企画されたことが理解できる。このときの社員四名は臥雲辰致、武居美佐雄、波多腰六左、青木橘次郎であり、安曇平に住む人々が協力して開産社から資金を借りているのであろう。この連綿社条約書は、武居美佐雄（波多村の戸長・村長）の息子・武居正彦が父親に協力して作成したと私は思っている。父親と息子とは、ともに平田（篤胤）学派の流れを汲むものであり、筆跡から武居正彦が書いた条約書に違いない。

なお、その後の連綿社については、本書の107〜114ページ「松本の連綿社の盛衰」に繋げていただきたい。

この「増補の章」を振り返れば、臥雲辰致の発明への閃きに推進力をつけたのは武居正彦青年である。明治八年四月十日付の「専売免許請願書（私の仮題）」が永山盛輝に届いた筈である。永山盛輝は自らの開智・開産の思想を実践して開産社を創設し、資金援助への道を開いていた。それによって、明治十年の第一回内国勧業博覧会へ綿紡機の出品が、漸く信州松本から実現した。幸運にも臥雲辰致の発明の成果が全国的に評価され、ガラ紡績産業の発展が推進・展開されてきた。そのことは本書の157〜173ページ「第Ⅳ章　ガラ紡の推移」に記述した。

二〇一七年の現状では、愛知県一宮市の木玉毛織（木全元隆）がガラ紡機を稼働し生産を継続している。また動態保存は愛知大学生活産業資料館が熱心に取り組んでいる。これも地球の引力を巧みに利用した自動制御（本書の30〜34ページ「優れた自動制御」を参照）によって、均一でない太さの糸、柔らかい構造の独特の糸を紡ぎ出すガラ紡機の魅力からであろう。

# 増補にあたって

平成六年（一九九四）七月に本書『臥雲辰致とガラ紡機』の初版が発刊された。当時、アグネ技術センター社長・長崎誠三氏が「産業考古学シリーズ４」の企画出版として引き受けてくれた。長崎誠三社長と面談したとき、原稿を見ながら「本のサイズはＡ５判に限ります。本に索引、人名索引や事項索引がないものは本とは言えません。それは付けましょう。発掘した貴重な史料は図版で読めるサイズに掲載して今後に役立つように……」といわれ、その出版哲学に私は共感し感動した。

すでに二十年以上の歳月が流れている。この間に各方面から好評をいただき、「臥雲辰致（がうんときむね）研究書」の定本として広く利用されてきた。本書の再版にあたって、今は亡き長崎誠三社長の出版哲学の真髄に沿って、執筆当時の調査経過、史料の所在、索引などそのまま残すことにした。初版に「増補の章　臥雲辰致を支えた人々」を追加すれば、さらに今後の歴史研究に役立つに違いないと考えている。

回想すれば、初版発刊の当時、技術史の大家・飯田賢一（東京工業大学名誉教授）氏からの一九九四年八月二日付け葉書には、「ご高著『臥雲辰致とガラ紡機』刊行おめでとうございます。早速ご恵贈賜り厚くお礼申し上げます。アグネでかえって著者の意気ごみの伝わる本ができ、結果的にはずっとよかったと思います。臥雲への評価もずっと変わることでしょう。安曇野に復元保存の構想もぜひ実現したいものです。……」と記されていた。飯田賢一先生は、その二年後に他界され誠に残念である。

また、産業考古学会会長をつとめた内田星美（東京経済大学教授）氏からの葉書には「……調査の過程、史料の複写、技術的評価が詳しく載せられており大変勉強になりました。小生かって英国ランカシアホルトン市図書館に展示の現物で、一八〇〇年ころのガラ紡と逆に上のスライバーから下の裁円錐型のブリキケンスに巻取るランタンフレーム粗紡機を見たことがあります。臥雲機の方が原理的に上だと思います。先ずは御礼まで。」と記され、「原理的には臥雲機が優れている」ことを書き添えられていた。

最近では、二〇一一年、オーストラリアの経済評論雑誌に一橋大学講師・崔裕眞（チュ・ユウジン）の英文論文「Another Spinning Innovation : The Case of the Rattling Spindle, Garabo, in the Development of the Japanese Spinning Industry.（2011.3.1.）」が掲載された。優秀論文として受賞している。私の直訳では「もう一つの紡績革新・ガラガラと音がするスピンドル（軸）の場合、ガラ紡、日本の紡績工業の発展の中で」と理解している。恐らく、臥雲辰致とガラ紡績の評価が英文で紹介された最初であろう。この貴重な英文論文では、臥雲辰致のユニークな優れた技術開発が再評価され、私の著書『臥雲辰致とガラ紡機』から五箇所も引用されているのは有り難いことである。特に、イギリス産業革命の紡績機械と比較して臥雲辰致が発明したガラ紡機のコストは16分の1（一一、二円対〇、七円）であることが指摘されている。安価なコストで極めて合理的な方式によって綿から糸を紡ぐ優れた技術文化である。

これまで、私が書いてきた臥雲辰致に関係する著書には、『信州　独創の軌跡―企業と人と技術文化―』（二〇〇三年、信濃毎日新聞社発行）「第二章　世界に誇れる発明の軌跡」「第一節　臥雲辰致・ガラ紡機と蚕網織機の発明」がある。また『安曇野の近代化遺産―技術史再考―』（二〇〇七年、近代文藝社発行）の中の「第三章　臥雲辰致とガラ紡機の発明」は、地元の人びとに広く読まれ、臥雲辰致の一八〇〇年代の技術開発と技術思想が世界的に如何に優れているか、深く理解されてきた。

今回、追加した「増補の章　臥雲辰致を支えた人々」は僅かなページ数に過ぎないが、幕末から明治初期の激動の時代に人々が努力してきた姿を垣間見ることができる。地元住民が互いに協力して日本の近代化に向けて、地方文化を創造してきた実体的構造に迫る内容も含まれている。「明治八年四月十日」付の古文書は武居正彦の筆跡の草稿に間違いないが、筑摩県権令（知事）永山盛輝に提出した公文書は松本のどこかにないものか。

このような時代背景の中で、私は「人と技術文化」に軸足をおいて歴史研究を試みてきた。人との出会い・時・所・条件の時代性に支えられ、世界的に優れたユニークな技術文化、ガラ紡機の発明が信州松本で完成した。発明の文化遺産を物語る古文書の多くは、かつての岡崎市郷土館から岡崎市美術博物館に移管・保存されている。その古文書の武居正彦の筆跡（本書94、95、109～110、130～132ページ）などから、臥雲辰致の発明の業績を静かに支えた真髄を探ることができる。

松本に残る臥雲辰致に関する史料は乏しいが、明治維新後の転換期に筑摩県・松本で展開された近代化の開智・開産の史実を保存することを松本市や安曇野市の博物館に期待したいのである。

歴史の転換期に地域文化がどのように展開したか、私は技術史の視点から自問自答しながら臥雲辰致の発明の真相に迫ってみた。明治維新から一五〇年にあたる平成三十年の節目に、増補版を発刊することができた。増補版の出版を引き受けてくれたアグネ技術センターはじめ関係者に感謝の意を表する次第である。

二〇一八年一月一日

北野　進

# 人名索引

# 事項索引

著者略歴

北野　進（きたの　すすむ）

昭和5（1930）年　長野県に生まれる。
旧制・長野県立屋代中学校（現・屋代高校）を経て、昭和26（1951）年
東京工業専門学校（現・千葉大学工学部）機械科卒業。
昭和33年以来、長野県の高校に勤務、池田工業高校長を経て岩村田高
校長を最後に平成3年3月末退職、長年の研究と著述を継続。
技術史研究家、赤十字史研究家。

主な著書
『日本赤十字社をつくり育てた人々―大給恒と佐野常民―』
（1977年、アンリー・デュナン教育研究所）
『続・日本赤十字社をつくり育てた人々―ジュネーブ条約加盟の前後―』
（1978年、アンリー・デュナン教育研究所）
『安曇と碌山』（1982年初版、1988年増補版、出版安曇野）
『信州のルネサンス』（1983年、信濃毎日新聞社）
『大給恒と赤十字』（1991年、銀河書房）
『安曇野と拾ヶ堰』（1993年、出版安曇野）
『臥雲辰致とガラ紡機』（1994年、アグネ技術センター）
『信州の人と鉄』：編著（1996年、信濃毎日新聞社）
『利根川―人と技術文化―』：編著（1999年、雄山閣）
『日本の産業遺産』ⅠⅡ巻：分担執筆（2000年、玉川大学出版部）
『信州独創の軌跡―企業と人と技術文化―』（2003年、信濃毎日新聞社）
『赤十字のふるさと―ジュネーブ条約をめぐって―』（2003年、雄山閣）
『安曇野の近代化遺産―技術史再考―』（2007年、近代文藝社）
『碌山と安曇の周辺―美術史の残照―』（2009年、近代文藝社）

発明の文化遺産　増補　臥雲辰致とガラ紡機――和紡糸・和布の謎を探る

1994年7月31日　初　版 第1刷発行
2018年6月　1日　増補版 第1刷発行

著　　者　北野　　進

発 行 者　青木　豊松

発 行 所　株式会社 アグネ技術センター
〒107-0062　東京都港区南青山5-1-25 北村ビル
TEL 03-3409-5329／FAX 03-3409-8237
振替 00180-8-41975
URL http://www.agne.co.jp/books/

印刷・製本　株式会社 平河工業社

落丁本・乱丁本はお取替えいたします。
定価は本体カバーに表示してあります。

Printed in Japan, 2018

ISBN 978-4-901496-91-9 C0058